Osprey Elite
オスプレイ・ミリタリー・シリーズ

世界の軍装と戦術 1

コンドル兵団
スペイン内戦に介入したドイツ人部隊

［著］
カルロス・カバリェロ・フラド

［カラー・イラスト］
ラミロ・ブヘイロ

［訳］
柄澤英一郎

THE CONDOR LEGION
German Troops in the Spanish Civil War

Text by
Carlos Caballero Jurado

Illustrated by
Ramiro Bujeiro

大日本絵画

目次 contents

頁	
3	発端 ORIGINS
7	ドイツの介入の始まり THE FIRST MONTHS OF GERMAN INTERVENTION
12	コンドル兵団の誕生 BIRTH OF THE CONDOR LEGION
18	制服 UNIFORMS
23	スペインでのドイツ飛行士 GERMAN AIRMEN IN SPAIN
43	スペインでのドイツ地上部隊 GERMAN SOLDIERS IN SPAIN
51	ドイツ海軍の支援 GERMAN NAVAL AID
54	勝利とその結果 VICTORY AND ITS AFTERMATH
33	カラー・イラスト THE PLATES
62	カラー・イラスト 解説

◎著者紹介

カルロス・カバリェロ・フラド
Carlos Caballero Jurado
1957年、スペイン、シウダード・レアル生まれ。スペイン陸軍ブルネテ師団（第1機甲師団）で下士官として勤務。のちアリカンテ大学で歴史学学位取得。戦史に関する著書、共著書多数があり、うち4点はオスプレイ社から刊行。アリカンテで歴史教師をしている。

ラミロ・ブヘイロ
Ramiro Bujeiro
Warriorシリーズ23『ベトナムのアメリカ海兵隊』のイラストを描いて以来、オスプレイ社にたびたび寄稿。経験豊かな商業美術家としてヨーロッパ、およびアメリカの媒体に人物イラストや漫画を発表、イギリスのIPCマガジンのためにも多年働いている。おもに20世紀初期ヨーロッパの政治および軍事史に関心を抱く。アルゼンチン在住。

謝辞（著者覚え書き）Ackowledgements

　本書が陽の目を見ることができたのは、誰にもましてマーティン・ハフトン（翻訳家にして軍事史研究者）と、写真を提供してくれたレアンドロ・ロドリゲス・サンチスの惜しみない友情によるものであり、深く感謝する。貴重な時間を割いて、私を励ましてくれた妻のラウラの助力も大きかった。また私に進路を示し、情報や写真を提供してくれるなどして助けてくれたのは以下の人々である。

　Legión Cóndor. Su historia, 60 años después、La Legión Cóndor: imágenes inéditas para su historia、それに La Legión Cóndor en la Guerra Civil の著者であるラウル・アリアス・ラモスは私の多くの疑問に答えてくれ、また膨大な写真の収集家であるホセ・マヌエル・カムペシノ・ビルバオとマヌエル・アルバロ・レケナを紹介してくれた。この二人にも感謝を捧げたい。

　コンドル兵団飛行士たちについての優れた専門家であり、Los Cazadores de la Legión Cóndor や Les Messerschmitt espagnols などの参考図書の著者であるフアン・アラエス・セルダも写真コレクションを提供してくれた。

　スペイン空軍の制服や記章全般に関して並ぶもののない専門家、サンティアゴ・ギレン・ゴンサレスには図の考証に際して助力を得た。

　ルカス・モリナ・フランコとホセ・マリア・マンリケ・ガルシアは従来あまり知られていない、いくつかの分野について奥深い研究を重ねてきた（彼らの著書、Legión Cóndor、La historia olvidada、Los hombres de von Thoma、El Ejército alemán en la Guerra de España を参照されたい）。ルカスは私を手伝い、文献を提供してくれただけでなく、もとコンドル兵団所属のスペイン人パイロット、ホセ・ラモン・カルパソロ・ペロトの記録に接する道を開いてくれた。

　写真の面で協力を得たスペインの Fundación Don Rodrigo (FDR) と Instituto de Historia y Cultura Aeronáutica (IHCA) にも謝意を表したい。

CCJ

＊翻訳にあたっては『Osprey Elite 131・The Condor Legion』の2006年に刊行された版を原本としました。本文の[　]内は訳者注です。[編集部]

発端
ORIGINS

　1936年7月から1939年4月まで続いたスペイン内戦に、西方世界は多大の関心を寄せていた。多くの人々はそれを、左翼と右翼という対立するイデオロギーのあいだに起きた最初の大規模な軍事的衝突の表れであり、左右両陣営が相互に抱きあう敵意が国際的な舞台にまで極大化したものだと受けとめた。

　1936年7月にスペインで起きた軍事蜂起を支持した政治的、また社会的勢力は広範囲にわたったが、ひとつの点で共通していた。左翼の革命に、反教権主義に、そして地方分離主義に、全員が反対だった。1931年4月の国王アルフォンソ13世の突然の退位と、第二共和国宣言は、同年6月の選挙により、見たところは是認されたようだった。だがスペインには、新しい政府——こうした難事に対してまったく準備ができていない——が、いくつかの政治的目標の達成を可能にする首尾一貫した計画の立案に苦闘しているあいだ、国家をまとめてゆくに足る民主的制度や慣習が欠けていた。

　1936年2月の国会選挙では、保守派のCEDA［スペイン自治右派連合］が敗北し、穏健な改革派社会主義者から純粋のボリシェヴィキまでを含む左翼諸党派間の政治協定に基づいた、人民戦線政権が成立した。これにはカタルーニャとバスク地方を筆頭とする分離主義政党も加わっていた。おもな左翼党派は、社会主義者のPSOE、アナキストのCNT、スターリニストのPCE、それにトロツキストからなるPOUMだった。そしてこれら党派のあいだからは、"ブルジョア民主主義"の実験に終止符を打ち、"労働者と貧農の政府"の樹立を求める声が上がった。右派の政治勢力（カトリック、土地均分論者、王党派、それに小規模なスペインのファシスト党、

コンドル兵団の一軍曹。カーキ・ブラウンの飛行士略帽と、より明るいカーキ色のシャツの両方にある2本の金色条で、彼の階級がほぼスペインの曹長（ブリガダ）に相当することがわかる。これらの金色条の台布が黒いのは、彼がS88、すなわちコンドル兵団司令部に所属することを示す。(Campesino)

すなわち、スペイン・ファランヘ党＝FE）は、スペインでボリシェヴィキがいかなる実験をすることも、国家を分断することも容認するつもりはなかった。左派も右派も、それぞれの理由から、民主制こそが望ましく、かつ効率的な統治形態なのだ、と信じる気持をなくしていた。

　虚弱で分裂した政府には、両方の陣営による血なまぐさい挑発行為を統制する力はなかった。共産主義者の反乱がもうすぐ起こるという噂が流れた。そして1936年7月17日から19日にかけ、陸軍の高級将校たちからなる一グループが、後戻りのできない一歩を踏み出した。スペインと、その海外領土の主要な軍隊駐屯地のすべてで、軍事蜂起が起こったのだ。

　スペイン内戦の原因は、スペインの内部事情に深く根ざしていたものの、この衝突はきわめて速やかに国境を越えた。その理由は、両大戦間のヨーロッパが政治的にきわめてはっきりと分極化していたためだった。ヨーロッパの多くの国々では、共産党とファシスト政党の活動的な党員は一握りの数に過ぎなかったが、世論はおおむね反ファシストと反共産党に二分されていた。1936年のスペインで、ファランヘ党と共産党の支持者はかろうじて二、

三千人を数えるに過ぎなかったが、もろもろの右派勢力はすべて強硬かつ活動的な反共主義者だったし、左翼を構成する勢力はみな反ファシズムを公言していた。その結果、内戦の勃発にあたり、反乱者たちは「共産主義と戦うために」決起したのだと宣言し、一方、彼らの敵方は「ファシズムに反対して」戦っていると唱えた。反乱軍はみずからを「民族主義者」[ナシオナリスタ][以下、より一般的な「ナシオナリスタ」と記す]と呼んだが、敵側から見れば彼らは単に「ファシスト」[ファシスタス]に過ぎなかった。人民戦線の擁護者たちは「共和制主義者」[レプブリカノス]と自称していたが、反乱軍は彼らを「アカども」[ロホス]と呼んだ。

国外の支持者たちとその支援
Foreign sympathizers and aid

　こうした、両陣営についての単純に過ぎる見方はスペインの国外でも必然的に共有された。外国人のあるものはスペイン内戦を共産主義に対する十字軍と見なし、別の人々は、ファシズムの進出を食い止める決戦と解釈した。ヨーロッパの列強はそれぞれ異なる立場をとった。民主主義諸国は不干渉政策をとり、ナチ・ドイツとファシスト・イタリアはナシオナリスタを積極的に支援することを決め、ソ連は共和国政府側に多大な援助を送った。この軍事的支援は双方にとり、やがて決定的な役割を果たすことになる。

　スペイン内戦についてはひとつの誤ったイメージが存在する。スペイン正規軍は、人民戦線を支持する政治的民兵連合と戦ったとするものだ。実際には、スペイン軍は分裂していたし、ナシオナリスタと共和制派の双方ともが大々的に政治的民兵を雇用した。これが内戦の当初から、両陣営それぞれが相手に対して決定的に優位に立とうとした際に、外国からの支援に頼らなくてはならなかった理由である。その結果、双方とも、相手側に何らかの援助が到着したことをもって、自分を応援してくれる国に一層の支援を求める口実にするようになった。もうひとつの重要な要因として、スペインは貧しい国であり、1936年当時、スペイン軍は装備兵器も戦術面でも、西ヨーロッパの他の国に比べて立ち遅れていた。ナシオナリスタ陣営でも共和国政府軍でも、その戦闘能力の近代化を可能にしたのは、一にかかって外国から供給された兵器だった。

ナシオナリスタへのドイツの支援。民間人の服装をし、貨物船でスペインに向かう最初のドイツ人義勇兵たち。後方に見える野戦調理器だけが、彼らが軍事遠征隊であることを示している。(Campesino)

　本書は、ドイツ第三帝国からスペインのナシオナリスタに与えられた支援に焦点を合わせている。だが、ドイツがこの戦いに介入した理由を理解するためには、内戦中に他の国々が両陣営に与えた支援についても、簡潔にではあるが述べておく必要がある。

　イタリアはナシオナリスタ陣営に対し、あらゆる種類の軍事支援を十分に与えた。1931年以降、スペイン左翼は反ファシズムの方針を公言していたし、1936年2月からは人民戦線が、みずからを「反ファシスト同盟」と定義した。イタ

人民戦線へのソ連の援助。コンドル兵団の空軍少尉が、捕獲したソ連製I-16戦闘機——ナシオナリスタは「ラタ」（ネズミ）、共和国政府軍は「モスカ」（ハエ）と呼んだ——の前でポーズをとる。1936年10月、この単葉機と、より運動性に優れたI-15複葉機がマドリード上空に出現したことは、共和国政府側が制空権を占める時期の先触れとなった。このI-16はいまやナシオナリスタの手に落ちて、垂直尾翼に「青の巡視隊（パトリリャ・アスル）」——ナシオナリスタ軍最初の小戦闘機部隊——のマークを描いているが、このマークはのちに他の部隊でも使われた。このドイツ人少尉はカーキ・ブラウンの帽子に制服上着をスマートに着込み、淡色の乗馬ズボンをはき、スペイン中尉（テニエンテ）を表す2つの星の階級章を付けている。（Arráez）

リアの体制に露骨な敵意を示す政府に反抗する人々に対して、ムッソリーニが共感を抱くのは当然のことだった。ナシオナリスタ軍側に完全な師団——いわゆる「義勇兵軍団（クエルポ・デ・トロパス・ボルンタリアス）」（CTV）——を編成するため、何万人ものイタリア人がスペインにやってきた。大量の兵器が供給され、イタリア空軍は大部隊がスペインに赴いて「レヒオン兵航空隊（アビアシオン・レヒオナリア）」となった［「レヒオン（Legión）」は「軍隊」、「（古代ローマの）軍団」のことだが、スペインでは「外人部隊」の意味でも使われる］。イタリア海軍までもが、戦闘に深く関与した。イタリアからの大量の支援は、ナシオナリスタの最終的な勝利を決定づけるものとなった。

　ソ連は、内戦が始まるまではスペインにあまり関心を持たなかった。1933年まで、スターリンとコミンテルン（共産主義インターナショナル＝世界各国の共産党の国際組織）は、世界中の左翼政党に対しては厳格な評価基準を適用する一方、民主主義諸政党のことは単に"ブルジョア"として片付け、民主制を尊重する左翼政党についてはひとしく"社会主義的ファシスト"と定義していた。1933年にヒットラーが政権の座につくと、スターリンは資本主義国家とファシスト国家が同盟を結ぶことを恐れ、根本的に方針を変えた。どの国においても、いまや共産主義者たちは「反ファシズム人民戦線」という形で、社会主義者やその他の民主主義者たちと連携を試みなくてはならなかった。スペインで内戦が勃発すると、スターリンはソ連が信用できるパートナーだと西側民主国家に納得させようと考えて、スペインの共産主義者たちにプロレタリア革命への決起を迫ることはせず、共和国政府を支援することを決定した。

スターリンはいくつかの形で内戦に拘わった。共和国政府側に大量の軍事物資を供給した上、政府軍部隊を組織し、訓練し、ときには指揮までも執るため、高級将校と武器の専門家たちを送り込み、彼らは最新型兵器をみずから操作することもした。とどのつまり、ソ連は「国際旅団」を組織する上で中心的な役割を果たした。表向きは、またこれに応募した多くの理想主義者たちの目には、国際旅団は純粋に反ファシズム精神から成り立っていた。しかし実際は、コミンテルンが組織したものであり、ほとんどスペイン駐留ソ連軍の一部隊といってよかった。

　1936年以前、**ドイツ**の戦略構想のなかに、スペインはほとんど考慮されていなかった。内戦が起こると、ナチは反共主義者を自称する勢力に共感を寄せたが、保守的なドイツ外交官たちは介入を避けるよう進言した。この忠告が無視されたのには、いくつかの理由があった。まずフランスで1936年、スペインとほとんど同時期に人民戦線政府が選出され、この政府はドイツの拡大を抑える目的で、ただちにソ連と軍事同盟を結ぼうとした。パリとマドリード政府はイデオロギー的に深く結ばれていた。ドイツの戦略家たちは、フランスとソ連がドイツに対抗するため同盟を結び、スペインがフランスに協力して、ドイツは軍事的包囲のなかに置かれるのでは、という恐怖を抱きはじめた。マドリード政府を取り除くことは、フランスとソ連のあいだに将来起こり得る、いかなる同盟関係をも戦略的に弱める可能性があった。

　つぎに、ナチの対外政策の目標のひとつに、イタリアと同盟関係を築くことがあった。ドイツがスペインのナシオナリスタを支援することは、こうした同盟を強固なものにするのに役立つだろうと、ベルリンは正しく計算した。

　最後に、ドイツは1935年に義務兵役制を復活させたのち、公然と再軍備を進め、新しい兵器、装備品、また戦術を開発しつつあったものの、その有効性はいまだに試されていなかった。スペインでの戦いは、そのための申し分ない機会となるであろうと思われたのだった。

ドイツの介入の始まり
THE FIRST MONTHS OF GERMAN INTERVENTION

　1936年7月18日の軍事蜂起が成功していたら、反乱者たちは速やかに権力を掌握していただろう。だが結局のところ、すべての大都市と産業地帯で、蜂起は失敗し、共和国政府は大部分の海軍と空軍の指揮権を保ちつづけることができた。反乱軍は、イデオロギー面で保守的な地方を何箇所か制したに過ぎなかった。しかし少なくとも、彼らはスペイン陸軍で最強の部隊である、モロッコのスペイン保護領に駐留する「アフリカ軍」を支配下に置いていた。最初の蜂起は失敗したものの、もしもこれらの部隊が敏速かつ効率よくスペイン本土に送られたなら、戦いはたぶん短時日で終わり、事実上、マドリードへの行進に過ぎないものと化すかも知れなかった。

ドイツは軍事蜂起について、それが実際に起きるまで何も知らなかった。当然ながら、ドイツは反乱者たちに共感した。左翼の民兵が早速、スペインにあったドイツの会社や施設を攻撃したので、なおのことだった。早くも7月23日、約1万5000人のドイツ人居留民を保護し避難させる目的で、ドイツ海軍艦艇がスペインに向けてキールを出航した。

反乱者たちは7月18日からアフリカ軍の部隊をスペインに移動させ始めていたが、輸送手段は単に数機の旧型飛行機と数隻の漁船に過ぎなかった。7月22日、アフリカ軍司令官であり、軍事蜂起の最も重要な指導者のひとりだったフランシスコ・フランコ将軍は、この作業を助けるため、パリ駐在のドイツ軍武官を通じて、ドイツ輸送機の派遣を要請したが、ベルリンのドイツ外務省はこの要請をことわった。フランコはドイツとの接触を確立するために、別の方法を考えなくてはならなかった。

そこで彼はスペイン領モロッコに居住していた、熱心なナチ党員でもあったドイツ人実業家たちに接触し、自分の要請を後押ししてもらうため、徴発してあったルフトハンザ機で、ドイツに向かってくれるように頼んだ。党のルートを通じて、実業家たちは7月26日、ヒットラーに会うことができた。すでに総統（フューラー）は、フランスの人民戦線政府とソ連が、スペイン共和国政府に武器を送りつつあるという知らせを受け取っていた。軍事顧問たちと話し合ったのち、ヒットラーは要請された支援を送ることに決めた。フランコが求めたのは飛行機だったので、ドイツ空軍（ルフトヴァッフェ）司令官を務めるヘルマン・ゲーリングが作戦立案を任された。これには「魔法の火（フォイアツァウバー）」作戦と暗号名が与えられ、ヘルムート・ヴィルベルク空軍大将の指揮のもと、その実務面を監督するための「W」特別司令部が、ただちに創設された［Wはヴィルベルクの頭文字］。ヴィルベルクは1938年4月まで「W」特別司令部の長をつとめ、そのあとを同じく空軍大将のカール・フリートリヒ・シュヴァイクハルトが引き継ぐことになる。

支援を送る決定は下されたが、ことは秘密のうちに運ばなくてはならなかった。ドイツは再軍備を始めたばかりで、軍事的にはまだ弱く、いかなる形でも、フランコを公然と助けることには大きな政治的危険がともなった。このため、スペインへの武器や装備の引渡しと、その代償としてのスペイン物産の輸入は、すべてHISMAとROWAKという、2つの民間会社（表面だけだが）を通じて行われることになった。海軍も、この作戦に付随する海上輸送に責任を負う、いわゆる海運部隊（シッフファールト・アプタイルング）を創設するため、「W」特別司令部に若干名の将校を送り込んだ。

ユンカースJu52三発機の前に立つ乗員たち。民間人の服装ながら、ある程度の軍人的"雰囲気"は争えない。ドイツ人たちはこうして要らざる注目を避けるように努めたものの、ナシオナリスタ陣営に最初の義勇兵たちが現れたことは容易に見破られた。(Guillén)

歩哨に立つ兵団員。茶色に塗られたドイツ製M1935鉄帽が使用されている珍しい例である。(Campesino)

CLはその制服によって、彼らがスペイン外人部隊に属することを隠せると期待したが、実際は逆の結果を招いた。彼らのスマートで統一された服装は、ナシオナリスタ陣営の他のどの部隊とも容易に見分けがついたためだった。注目すべきはY字帯とベルトを着用していることで、これは数少ない特別な式典の場合にしか見られなかった。(Campesino)

　フランコがなぜドイツの飛行機を必要としたかといえば、戦いの始まったとき、人民戦線側はスペインの軍用飛行機のうち三分の二を支配下においていたのに、パイロットのほうは三分の一しか掌握していなかった。すなわち、ナシオナリスタ側では飛行機よりパイロットの数のほうが多かったのだ。ドイツは非武装のユンカースJu52三発輸送機20機を、民間人のパイロットが操縦するルフトハンザ機に偽装させてモロッコに送ることを決めた（実はこれらの機のパイロットは、当時のドイツの民間航空飛行士のほとんどがそうであったように、ドイツ空軍の予備役将校だった）。この空輸は7月28日から8月10日のあいだに実行されることになった（1機のユンカースは共和国政府の支配区域に不時着し、押収された）。同時に、Ju52を軍用機化する装備品と、ハインケルHe51複葉戦闘機6機、20mm軽高射砲20門、加えて空中および地上で勤務につく兵員を至急、海路で送る準備をするよう命令が下った。これらの兵員は志願者のなかから速やかに選抜されたが、その任務は明らかにされなかった。表向き、彼らはドイツ空軍を除隊し、"旅行客"としてスペインに赴くことになった。7月31日に彼らはドイツを発ち、8月6日にカディスに着いた。指揮官はアレクサンダー・フォン・シェーレ空軍少佐で、アルゼンチンに住んでいたことがあり、スペイン語が話せた。
　1936年7月20日から9月15日までのあいだに、1万8000名を超えるスペイン・アフリカ軍の最精鋭部隊——スペイン外人部隊（別名"テルシオ"）レヒオン・エストランヘラから、モロッコ原住民部隊である"正規軍"レグラレスに至るまで——がモロッコからスペインへ、海路もしくは"空の橋"を通って送られた。この空中輸送はわずかな機数の、きわめて収容能力の低いスペイン機を使って開始され、ドイツ機が到着するまでの実績は微々たるものにすぎなかった。Ju52は少数機ずつしか送られてこず、またその半数は爆撃機として使うためにスペイン側に譲渡されたが、海峡を越えてスペインへ大部隊を送る責任を負ったのはユンカースだった。この機のパイロットたちは日に4回も飛ばなくてはならず、収容人員は公式には最大17名なのに、ときには40名もの将兵とその手持ちの銃器、また重火器や弾薬までも載せて飛んだ。スペインやイタリアの飛行機も空輸に加わったが、ユンカースJu52は、この戦いの結果を決めるのに最も貢献した空中作戦のひとつにおいて主導的な役割を果たしたのであり、

1937年の初春、ビスケー前線上空に初めて姿を現した2./J88所属のメッサーシュミットBf109Bにより、部隊はソ連製戦闘機に対する力の均衡を取り戻し始めた。Bf109で最初の勝利を挙げたのは4月14日、ギュンター・リュッツォウ中尉で、相手はI-15だった。上面を灰緑色（RLMグラウ）に塗ったこの機体は、Bf109に終始つきまとった欠点——轍間距離が狭くて脆弱な降着装置と、離着陸時に決まって機首を左に振る悪癖——に負けたように見える。調べているのはCL団員たちと、アウグスブルクのBFW〔バイエルン飛行機製作所。メッサーシュミット社の前身〕から来た民間人技師（プラスフォア＝膝下のゆったりしたズボン＝姿で、翼の上に立つ人物）。航空機製造会社からは多数の民間人が軍人とともにスペインに赴いた。（Arráez）

それはまた史上初めての真の戦略的な兵員輸送でもあった。

　手持ちのJu52の半数をナシオナリスタに譲渡する決定が下された結果、この機のために到着したドイツ軍乗員はわずか10名に過ぎなかった。スペイン側に渡された機体は即刻、爆撃任務に使われていた（Ju52は名目上は輸送機だが、爆撃機としても使えるように設計してあった。ただし、この任務には力不足なことが間もなく証明される）。男爵ルードルフ・フォン・モロー中尉の部下のパイロットたちは戦闘任務を避けるよう厳しく命じられ、当初は空輸だけに従事していた。それでも、ジブラルタル海峡を哨戒する共和国政府海軍艦艇は、アフリカとスペインの間を飛行する彼らの機に砲火を浴びせた。お返しに、フォン・モロー男爵は8月13日、ドイツ人乗員の操縦する爆撃機型Ju52を2機率いて巡洋艦「ハイメ1世」を攻撃し、大きな損傷を負わせ、これがドイツ人空中勤務者による、スペインでの戦闘行動の始まりとなった。その直後から、Ju52はマドリードめざして進むナシオナリスタ軍の支援のため、この種の任務にたびたび出撃を開始した。同時に、ドイツ人砲手たちは20mm対空砲の操作をスペイン人砲兵に教えはじめた。ドイツのHe51戦闘機のパイロットたちはスペイン人飛行士の教育に専念していたが、彼らもまた戦意旺盛で、スペイン飛行士たちにはハインケルを飛ばすことができない、とウソの報告をベルリンに送り、彼ら自身が戦ってよいという許可を得た。8月25日、ドイツ戦闘機は最初の空中勝利を記録した。

　8月、ヴィルベルク将軍はスペインを訪れ、地上戦の状況を分析したのち、ドイツの軍事援助の増強を進言した。9月5日、ひとりの前途有望なドイツ陸軍将校がスペインに降り立った。ヴァルター・ヴァルリモント中佐——やがて第二次大戦で、傑出した戦略家として認められることになる——で、フォン・シェーレに代わって、スペインにおけるドイツ軍事組織の指揮官となったのだ。このころには、人民戦線がソ連から武器の供給を受け始めたことがよく知られており、ヴァルリモントはベルリンに対して、より多くの飛行機と対空砲に加え、戦車と対戦車砲も送る必要があると報告した。この報告は聞き届けられ、創設されて間もない戦車隊のなかから、I号軽戦車を装備した2個中隊と、それに付随する兵站および支援部隊、また3.7cm対戦車砲

分隊を設立するための志願兵の募集が、ただちに開始された。このようにして、ドイツ陸軍は空軍とともに、スペイン内戦に関与することになった。もうひとりの有能なドイツ将校、ヴィルヘルム・リッター・フォン・トーマ中佐——後年のアフリカ軍団司令官——が、「ドローネ」［雄蜂］と暗号名を与えられた、この小さな戦車大隊の指揮官に任命された。

1936年10月7日、この戦車部隊はスペインに到着し、ただちに戦車と対戦車砲の操作法をスペイン人要員に教え始めた。内戦前、スペインには時代遅れのルノーFT-17戦車が少数しかなく、イタリアもフィアット＝アンサルドCV-33軽戦車を提供したに留まった。そうしたわけで、I号戦車は性能二流といいながらも、ナシオナリスタ側の装甲車両のなかでは最良のものだった。

同月、ヴァルリモントと交代するため、ハンス・フォン・フンク大佐がスペインに到着した。その後しばらくして、コンドル兵団が設立された際には、フォン・フンクは陸軍部門の長としてスペインに留まり、フランコの司令部では陸軍部門代表を務めた。スペインでのドイツ陸軍部門には全体として「イムカー」［養蜂家］という暗号名がつけられた。

しかし、在スペインのドイツ兵力のなかで、空軍が最も重要な部門であることは変わらなかった。1936年夏の終わり、あらたに飛行機が海路で到着し、運用可能なJu52の機数は増えたし、He51も14機にまで増えていた。He45偵察機や、海上哨戒・偵察用の水上機も到着した。さらに、急降下爆撃機としてテストするためにハインケルHe50とヘンシェルHs123も送られてきた。

1936年10月の初めには、ナシオナリスタ軍はマドリード攻撃を開始する用意ができ、最良の部隊をこの市の周辺地域に集中させていた。だが共和国政府側も何もせずにいたわけではなかった。さまざまな党派的民兵ではナシオナリスタを食い止められないことが証明済みだったため、新しく「人民軍」の最初の部隊が設立されていた。この軍が通例、"赤軍"と呼ばれたわけは、まず赤い星を記章にしていた上に、部隊長とともに政治委員（コミッサール）が指名されて並んで指揮をとる、ソ連式システムを採用していたためだった。さらに重要なことに、ソ連製のI-15、I-16両戦闘機、SB-2爆撃機、それに

スペインへ到着して間もない「ドローネ」戦車大隊の隊員たちが、I号戦車の乗員として選抜されたスペイン人兵士に機関銃の操作法を教えている。ナシオナリスタ軍最初の戦車大隊は「アルヘル」（アルジェ）第37歩兵連隊（レヒミエント・デ・インファンテリア）の将兵から編成され、指揮官には若干の戦車体験がある退役歩兵将校、ホセ・プハレス・カラスコ少佐が現役に復帰して就任した。ドイツ人教官3名の唯一の共通点はスペイン製の黒いベレー帽で、それ以外の服装は民間人のものの寄せ集め。（Campesino）

BT-5、T-26両戦車が多数、ソ連から海路到着し、そして、コミンテルンが設立した義勇兵からなる「国際旅団」がマドリードに到着し始めていた。ソ連製の兵器は、それまでにドイツとイタリアがナシオナリスタに供給したものよりも新式で、その結果、マドリードへの攻撃は阻止された。戦いは手詰まりにおちいったように見え、天秤は経済的、人的資源にまさる人民戦線政府のほうに有利に傾くのでは、と危ぶまれた。

　そうさせぬため、ドイツはナシオナリスタ側の弱点を補おうとして、いっそう強力な戦闘部隊を派遣することを提案した。フランコはこれを認め、1936年10月30日、やがてCondor Legión（コンドル兵団。ドイツ語ではLegion Condorだが、本書ではCLと略記する）となる組織の創設が命令された。ドイツの政治家のなかには、完全編制のドイツ歩兵師団をいくつかスペインに送る約束をするものまで現れたが、これは実現しなかった。CLは、すでにスペインに送られた軍事派遣団と同じ性格を保ち続けることになっていて、基本的には空軍部隊となるはずだった。

コンドル兵団の誕生
BIRTH OF THE CONDOR LEGION

1936年10月末の時点で、ドイツは87機の飛行機をスペインに送っており、

1937年6月、ブルネテ前線における2./J88のメッサーシュミットBf109B-2。大部分のBf109は上面をペールグレー、下面をペールブルーに塗装してあった。胴体に黒で書いてある数字は、黒丸をはさんで左は飛行機の型式を示し（たとえば、2＝He51、6＝Bf109、22＝Ju52、25＝He111、27＝Do17、29＝Ju87など）、右は個々の機の就役順番号である。したがって、写真の機体はスペインに到着した53番目のBf109だとわかる。つまり、これらの数字から所属部隊を直接知ることはできない。(Hans Obert)

左頁●1936年8月半ばには、スペイン人飛行士がハインケルHe51戦闘機の最初の6機を実戦で飛ばしていた。内戦における最高のエース、ホアキン・ガルシア・モラト大尉は8月18日、グラナダ上空で共和国政府軍のポテーズ540爆撃機を撃墜し、ハインケルによる最初の勝利を記録した。He51とJu52は当初、ライトグレー、茶、緑の3色迷彩塗装だった。一方、コンドル兵団の飛行機はRLMグレーか、より一般的にはライトグレーで塗られた状態で供給され、内戦全期を通じて、これらの塗装方式のいずれもが最後まで共存した。マーキングはすべてスペイン・ナショナリスタ空軍と同じもので、方向舵は白地に黒い斜め十字（聖アンデレ十字）、主翼は（機種によっては黒丸の中に）白の斜め十字、そして胴体には単純な黒丸が描かれていた。翼端が白く塗られるのも普通だった。(Hans Obert)

そのうち若干はナショナリスタに譲渡済みだった。以後、ドイツはこの戦いに量的にも質的にもますます関与を深めてゆく。

11月7日、ドイツはさらなる兵員、武器、その他の軍事物資を海路を通じて送ることを開始した。スペインとドイツのあいだには以下のような協定が結ばれた。

1. スペインにおけるドイツの軍事組織は、すべてドイツ将校の指揮下に置かれるが、その指揮官たちはつねにスペイン軍当局の命に従う。
2. スペインでの勤務に志願したドイツ兵は、文書上、ドイツ軍を除隊し、スペイン・ナショナリスタ軍の一員となったものとする。スペインでの勤務中、彼らはそれ以前より1階級、ただちに昇級する。

スペイン軍には（フランス軍も同様だったが）、外国人の入隊が許される部隊、すなわち「レヒオン」、またの名は「テルシオ」[16・17世紀のスペインの歩兵連隊]があった（ただしフランス外人部隊と異なって、外国人兵は少数派でしかなかった）。そのため、ナショナリスタ軍内のドイツおよびイタリア兵は、スペイン外人部隊に加わった外国人義勇兵であるという意味を含ませて「レヒオン兵」と呼ばれた。イタリアの空軍派遣団は「アビアシオン・レヒオナリア」と呼ばれたが、イタリアがこの戦いに深入りすることが明らかになる以前にスペインにやってきた最初のイタリア飛行士たちは、スペインに留まって戦う決意を固め、実際にスペイン外人部隊に入隊していた。

ドイツ義勇兵たちがそう呼ばれて知られるようになった名称については、やや込み入った背景がある。フランコは人民戦線に対抗する軍事蜂起に、きわめて愛国的な性格を与えようと決めていて、イタリアとドイツからの支援を隠そうとした。そこで、ドイツ人に関することには「チビくろ」という暗号名を使うことが命令され、ナショナリスト側の記録文書では「ドイツ人」という言葉は長いこと避けられて、すべて「ネグリリョスの将校」「ネグリリョス

の戦車」「ネグリリョスの教官」といったふうに書かれていた。この暗号名は、公式名に変えて使用するには明らかにまったく不適切だった。

　ドイツの空軍派遣団は以前から非公式に「レギオーン・コンドル」の名称を使っていた。ひそかにスペインの外国人「レヒオン」の一部となっていたイタリア人のアイデアを借用し、それにアンデス山脈の王者である鳥の名を加えたものだった。コンドルはスペインには居ないが、南アメリカのスペイン語圏ではおなじみの鳥で［飛ぶ鳥の中では最大］、ルフトハンザが南米に設立したローカル航空会社は「シンディカト・コンドル」という名で呼ばれていた。ドイツは、スペイン語世界での航空活動には決まって「コンドル」という言葉を結びつけるようだった。これと「レギオーン」を組み合わせた結果、遠征ドイツ軍は簡潔でしかも格調高い名称を獲得し、至って評判が良かったため、これが最終的な名前となった。

　実際には、CLのドイツ人たちも、イタリア人の戦友たちもスペイン外人部隊の一部ではなく、ナシオナリスタ空軍に正式に編入された航空派遣団でもなかった。ナシオナリスタの指揮下にあった空軍力は、実はスペイン、イタリア、ドイツの、異なる3つの空軍の寄せ集めだった。にもかかわらず、ドイツ人もイタリア人も自分たちの飛行機にナシオナリスタ空軍の標識を描いていた。

　ドイツ空軍はCLの実働部隊の大部分を占め、きわめて独創性の高いひとつの実戦部隊を創設した。数人の著者はそれを「88航空団(ゲシュヴァーダー)」と呼び、他の人々は「88飛行軍団(フリーガーコーア)」と呼んでいるが、「レギオーン・コンドル」の呼び名が急速に人気を得て広まったため、実際にはどちらの名も使われることはなかった。スペインでのドイツ空軍実働部隊の兵員数はつねに「ゲシュヴァーダー」を上回り、「フリーガーコーア」よりは少なかった。実際、ドイツ空軍の通常の部隊呼称はどれもCLの編成に当てはまらない。CLは異なる航空兵種（戦闘機、爆撃機、偵察機など）を統合しているだけでなく、高射砲隊、通信隊、医療部隊まで持っていた。構成から見れば、CLは小ぶりな航空艦隊(ルフトフロッテ)であり、したがって、通常100機ないし150機しか可動機を持たないこの遠征部隊の司令官は、つねに将官が務めていた。

　CLの歴史を書こうとする者は長年、さまざまの困難に妨げられてきた。この部隊に関する主要な公式文書が第二次大戦中に連合軍の爆撃で失われたためである。したがって、不完全な記録や個人的証言に頼ってその歴史を組み立てざるを得ず、当然ながら疑問の部分が残る。一例をあげれば、CLに所属していたドイツ人の数がわかっていないという単純な事実である。左翼的な解説者は政

1937〜38年にかけてのコンドル兵団司令官、ヘルムート・フォルクマン少将（中央）が、スペイン軍のキンデラン大将（左）や他のドイツ将校たちと語り合う。フォルクマン（イラストF2参照）の上着の袖には、スペイン流にスペイン軍少将（ヘネラル・デ・ブリガダ）の階級章が付けてある。右ポケットの上には1938年以前のタイプのスペイン軍操縦記章、その下には陸軍ナバラ軍団のバッジが見える。だが彼の外見は全体として間違えようもなくドイツ人だ。(Guillén)

S88所属の将校たちだが、着ている制服の組み合わせはみな違う。軍服にきわめて淡い色の乗馬ズボン、毛皮の襟の付いた短めの革製飛行服、コンドル兵団のオーバー、それに革製のコート。(Arráez)

治的な理由から、その総計は5万名にものぼると主張している。だが実際には、どの時点でも、CL団員がスペインに同時に6500名以上勤務していたことはない（しばしば忘れられている興味深い事実だが、スペインのCLには数百名の民間人も勤務していた。とりわけ航空機会社の技術者や通訳が多かった）。兵力の交替制がふつうに行われていたとすれば、CLに勤務したドイツ人の総数はたぶん、1万5000名をかろうじて超える程度だった。一般に、スペインで勤務した空軍将兵の服務期間は6ヶ月から9ヶ月で、陸軍将兵はもう少し長く駐留した。在スペインのドイツ人員の総数は、イタリア人たちに比べると、つねにはるかに少なかった。たとえば、1938年8月の時点でCLはわずか5600名を数えるに過ぎず、1939年4月に戦いが終わったとき、この数は4800名に減っていた。

CLの兵力の少なさをもって、その能力を過少評価すべきではない。CLは主要な実戦用航空機種をすべて運用することができ、強力な高射砲部隊をも持っていた。完備した技術部隊、また兵站部がこれを支えていたから、完全な自給自足が可能だった。その司令部は特別に仕立てられた列車に乗って、展開区域にすばやく移動した。兵団の移動性が高かったのは完全に自動車化されていたためで、スペイン内戦で互いに戦った他国の軍隊には類例のないことだった。兵団は内戦全期にわたって戦い、程度の差はあれ、主要な戦闘のすべてに参加し、決して副次的な、あるいはひまな戦区で休息することはなかった。

コンドル兵団の構成
Structure of the Condor Legion

ドイツ遠征軍はとどのつまり「コンドル兵団」として知られることになったものの、CLを構成する司令部、空中部隊、高射砲部隊、支援部隊は相変わらず、ドイツ空軍が当初、各隊に割り当てた「88」の番号を使用していた。それらを以下に示す。

司令部：
Führungsstab 88. 作戦本部。
フューレンクスシュターブ

Verbindungsstab 88（VS88）. スペイン・ナシオナリスタおよびイタリア遠
フェルビンドゥングスシュターブ

K88に勤務したスペイン操縦士のひとり、スペイン中尉（テニエンテ）カルパソロ（右）の暗青色のナシオナリスタ空軍帽には、明るいグリーンのパイピングと飾り房がつき、翼のバッジの下には金の星の階級章が見える。飛行服はイタリア製で、階級章はイタリア式に左胸の操縦章の下にも付けられている。左のドイツ人教官はコンドル兵団の中尉だが、3つの銀の星はスペインの大尉を表す。操縦記章は型どおりの場所に、また右ポケットには陸軍ナバラ軍団のバッジが付く。背景のHe111 "25●4" は3色の "裂片（スプリンター）"式迷彩が施され、しばしば部隊マークが描かれた胴体黒丸には、栓のはじけ飛ぶシャンペン・ボトルが見える。（Calpasoro）

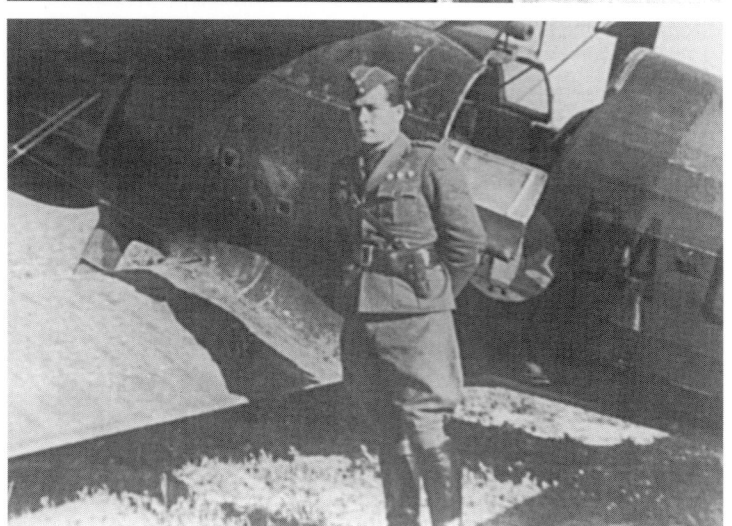

軍服に乗馬ズボン、乗馬長靴という典型的な服装のコンドル兵団中尉。「サム・ブラウン」型ベルトに付いた、たぶんヴァルターPPK拳銃を収めた小型のホルスターに注意。背景は最近捕獲したソ連製I-15戦闘機で、共和国政府軍内での愛称は「チャト」（鼻ぺちゃ）だが、ナシオナリスタ軍はこれをアメリカ製と勘違いし「カーチス」と呼んだ。胴体には識別用の幅広い赤帯と、共和国政府軍の「エスクアドリリャ・デ・チャトス」（鼻ぺちゃ飛行隊）のマークのひとつが見える。（Campesino）
［サム・ブラウンは、革帯が両肩から1本ずつ（あるいは片側1本）、腰のベルトにつながるスタイルのベルト。英国陸軍将官サミュエル・ブラウン（1824〜1901）が考案したとされる］

征空軍との連絡部。

空中戦闘部隊：
Jagdgruppe 88（J88）. 戦闘機大隊。3個、ときには4個中隊（Staffel）からなり、1個中隊は名目上、飛行機12機を保有。短期間だがVersuchs-jagd staffel——戦闘機実験中隊——が、J88に配属されていた。
Kamphgruppe 88（K88）. 爆撃機大隊。同じく、飛行機12機からなる中隊3個で編成。さらにVersuchsbomberstaffel 88も短期間、部隊に配属され、のちには暫定的に第4中隊となったこともある。Stuka 88と呼ばれる急降下爆撃機の小部隊もK88の一部だった。
Aufklärungsgruppe 88（A88）. 空中偵察大隊。その構成は、完全なGruppeから1個Staffelまで変動している。
Aufklärungs und Bombenstaffel (See) 88（AS 88）. 海上偵察および爆撃を任務とする。

地上戦闘部隊：

Flak Abteilung (motorisierte) 88（F88）．自動車化された、きわめて強力な高射砲隊。

その他の地上部隊：
Luftnachriten Abteilung (mot) 88（Ln88）．自動車化された空軍通信部隊。
Sanitäts Abteilung 88（San88）．医療部隊。CLは2箇所に軍病院も持ち、これらをまとめてLazarett 88（Laz88）と名づけていた。
Luftzeuggruppe und Luftpark 88（Park 88またはP88）．飛行機の整備、破損した機体の修理、燃料の補給、動力つき車両の整備、信号機敷設など。
Munitions Anstalt 88（MA88）．CLのための軍需物資の貯蔵、供給。
Wetterstelle 88（W88）．CL自前の気象観測隊。

「イムカー」の暗号名を持ったCLの陸軍部門はもともと、戦車と対戦車砲をともに備えた「ドローネ」戦車大隊から成り立っており、88戦車大隊、もしくは「イムカー＝ドローネ」と呼ばれることもあった。CLが創設されると、「イムカー＝ホルヒ」（＝聴取）の暗号名を持つ通信・情報中隊がスペインに送られた。やがてこれらの部隊に続いて、「イムカー＝アウスビルダー」（＝教官）とまとめて呼ばれる大勢の軍事教官が到着した。

CLに配置された小規模な海軍兵力には「北海グループ」の暗号名が与えられた。ドイツがナシオナリスタ政府を公式に承認すると（1936年11月16日）、大使館付空軍武官府（灰色部門）と海軍武官府（錨部門）を補佐する目的で、若干の将校たちが指名された。彼らもまたコンドル兵団の一部をなすものと考えられていた。

司令官
Commanders

コンドル兵団は基本的に空軍部隊であったから、その総司令官は一貫して空軍の将官が務めた。初代はフーゴ・シュペルレ少将で、1936年11月から1937年10月まで指揮をとった。参謀長はアレクサンダー・ホルレ（1937年1月まで）とヴォルフラム・フォン・リヒトホーフェン（1937年10月まで）。

Bf109パイロットの一群で、多様な服装だが、革製、また布製の短いブルゾン型ジャケット、革製オーバー、それに制服上着など、どれも最もふつうに使われたものである。飛行服姿にもかかわらず、何人もが肩に吊り帯をかけていることに注意。（Arráez）

J88の地上勤務員たち3名の身なりは、服装選択の自由を謳歌したのはパイロットたちばかりでなかったことを示している。制服上着に加え、私物として購入した短いジャケットもよく着用された。（Arráez）

シュペルレの後任はヘルムート・フォルクマン少将で、1938年10月まで在任し、ヘルマン・プロヒャーが参謀長を務めた。最後の司令官は前述のヴォルフラム・フォン・リヒトホーフェンで、内戦の終結まで在任し、参謀長はハンス・ザイデマンだった。

　シュペルレは1940年、対フランス戦で第3航空艦隊を指揮して勝利を収めた功により元帥に列せられ、その後もフランスに留まったが、彼の部隊は他の諸戦線へ大量に引き抜かれた。1943年に元帥となったフォン・リヒトホーフェン男爵は対地攻撃の専門家で、あらゆる戦線で上級指揮官を務め、明らかに、ケッセルリンク以後では最も有能な空軍将官だった。

制服
UNIFORMS

　コンドル兵団が設立される以前、スペインにいたドイツ義勇兵は民間人の服装をしていた。空中勤務者は通常、ルフトハンザの夏服、戦車の乗員たちは繋ぎ服だった。1936年10月のCL創設後、ドイツ義勇兵の制服と階級章が制定された。制服と記章の規定を示した文書は発見されていないが、当時の写真からは統一性が読み取れるので、ある種の規定は明らかに存在していた。

　CLの創設当時、ナシオナリスタ軍の服装に"均一性"があったとは言いがたい。アフリカから来た部隊——「レヒオン」と「レグラレス」——は、程度の差はあれ、彼ら独自の異国的な制服を着ていたし、蜂起を支持した党派的民兵たちも、それぞれの制服をまとっていた。だが織物工場がすべて

人民戦線の支配区域にあったため、全般的に服は不足し、かつ不統一だった。結果として、1936年中、ナシオナリスタ兵の多くは実際には民間人の服装をしていた。ところがCLの団員は制服を定め、それも厳密に規格化されていたから、ドイツ製ということが一目で知れた。ナシオナリスタ陣営で、服装をここまで統一化した部隊は他にない。CLの制服は、少なくとも最初のうちは、ドイツでつくられたと推定してよい。ただし、後期のCL団員にはスペイン製の服も支給された。

採用された制服は、ドイツ人がそれと気づかれずに通行できるようにデザインされ、色はスペイン陸軍伝統のオリーブないしカーキ・ブラウンが選ばれた。基本となる服装は、ドイツ空軍型の野戦帽、ポケット4つの上着、まっすぐなズボン、カーキ色のシャツで、冬は同色のオーバーを着た。上着の形は「ゲレラ」と呼ばれるスペイン軍のそれよりも、ドイツ空軍の戦場略服（フェルトブルーゼ）に近く、襟つきシャツと黒ネクタイの上に着るように背広襟で、パッチポケットが4つ付いた。肩台はある場合とない場合とあり、着用者の好み、もしくは製造所の違いによるのかも知れない。シャツは基本的に上着と同色だが、生地が薄く、また頻繁に洗濯される結果、じきに退色して明るいカーキ色になった。黒いネクタイはそのときの状況や気温に応じて、着けたり着けなかったりした。スペイン流に、シャツの襟をくつろげて上着の上に出すこともよくあった。スペインの夏の焼けるような暑さのもとでは、上着を略してシャツだけの姿でいることも、ごく一般的に行われた。のちに、とりわけ「イムカー＝アウスビルダー」の教官団のあいだでは、白シャツに黒ネクタイが、閲兵式のような公式の場合によく用いられた。

ズボンは同じくカーキ・ブラウンだが、靴はさまざまだった。将校たちは

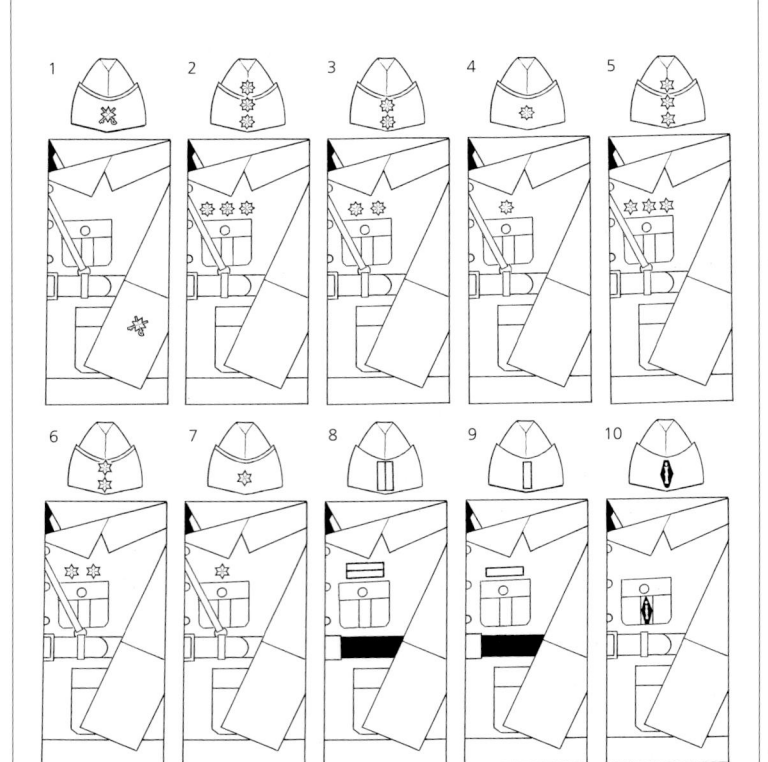

「ドローネ」戦車大隊の中尉。どくろのバッジの付いた黒いベレー帽は、この戦車大隊の服装のなかで、最も有名な目印となった。スペインの大尉を示す星がどくろの下に横一列にピン留めされているが、こうした例はあまり多くない。（Campesino）

コンドル兵団の階級章（ドイツ／スペイン）
[1] 少将（ゲネラル・マヨール）／少将（ヘネラル・デ・ブリガダ）
[2] 大佐（オーベルスト）および中佐（オーベルスト・ロイトナント）／大佐（コロネル）
[3] 少佐（マヨール）／中佐（テニエンテ・コロネル）
[4] 大尉（ハウプトマン）／少佐（コマンダンテ）
[5] 中尉（オーベルロイトナント）／大尉（カピタン）
[6] 少尉（ロイトナント）／中尉（テニエンテ）
[7] 刀緒つきの軍曹（ウンターオフィツィエレ・ミット・ポルテペー）／少尉（アルフェレス）
[8] 刀緒なしの軍曹（ウンターオフィツィエレ・オーネ・ポルテペー）／曹長（ブリガダ）
[9] 兵（レギオネーア）／伍長（カボ・プリメロ）
[10] 通訳
(Drawing by Ramiro Bujeiro)

好んで、私物として購入した乗馬ズボン（色は多少薄めのことが多かった）に、黒革の乗馬長靴をはいた。だが時と場合によって、まっすぐな制服のズボンに行進用長靴、飛行靴、黒の編み上げ靴なども使用した。下士官と兵は、勤務中はふつう制服のズボンを黒革の行進用長靴にたくし込み、非番のときはブラウジングしてないズボンに黒靴だった。そのほかにも変種があり、たとえばゲートルが使われることもあった。

「ドローネ」戦車大隊は初め、すこし違う制服を受領した（イラストCを参照のこと）。だが1936年の末には、コンドル兵団の他の隊と同じ制服を採用した。CLのために陸上勤務した少数のドイツ船員たちはカーキ・ブラウンの軍服、もしくは民間人の服装をしていた。

実際、写真の示すところでは、CLの団員たちはきわめて自由に服装を選んでいた。多くの写真で、布、あるいは革で作られた、ポケットが2つしかない規定外の種々の短い上着が使われた様子を見ることができる。いくつかの例では、これらはドイツ空軍の飛行服、あるいはイギリス陸軍の軍服にすら似て見える。

カーキ・ブラウンの厚地のオーバーも支給されたが、将校たちの多くはむしろドイツ製の種々の革のコートのほうを好んだ。下士官兵たちは単純な箱形のバックルのついたダークブラウンの革製ベルトを締めた。革製のY形バンドやライフル銃用弾薬入れは希にしか使われなかった。将校は2本爪のバックル付の、明るいブラウンの革ベルトをし、布製の吊りベルトを右肩に回して掛けていた。

カーキ・ブラウンの飛行士略帽（フリーガーミュッツェ）は、ドイツでの習慣に従い、折り返しの上端に銀色のパイピングがつき、将校であることを示していた（将官の場合、パイピングは金色）。だがスペインの伝統に沿って、略帽は階級章をつけるのにも使われた（前頁の図を参照）。「ドローネ」戦車大隊の隊員たちはスペイン製の黒いベレー帽をかぶるので、他の在スペイン・ドイツ将兵と区別できた。初めのうち、このベレーには何の標識もなかったが、のちには銀製のどくろと骨、さらに場合によっては銀のスワスチカが前面にピンで留められた。将校はときとして階級章をベレーに付けることがあった。ドイツ製の鉄帽――茶色に塗られ、標識のデカールはない――が支給されたものの、ほとんど使われなかった。

空中勤務者たちは規定のドイツ空軍飛行服を着たが、私物として購入した革製の上着もごく一般的に使われた。作業服としては、飛行部隊の地上勤務員や「ドローネ」戦車大隊員たちは簡単な繋ぎ服を着た。最後に、記憶にとどめてほしいのは、夏季の気温の高さのため、兵たちは往々にしてパンツ一枚だけになってしまったことだ。

コンドル兵団が故国ドイツに凱旋し、ベルリンで勝利を祝う分列行進を行った際、戦いの初期に服務した戦士たちの多くは、もはやCLの制服を持っておらず、そのため、似た色合いの制服を大量に調達する必要が生じた。「国家労働奉仕隊」（ライヒス・アルバイツディーンスト）のオリーブ・ブラウンの制服の色がコンドル兵団のそれに最も近かったので、これを手直しすることで問題は解決した。

階級章
Rank badges

スペインでは伝統的に、階級章を帽子と上着の袖に付けていた。コンドル

きわめてスマートな将校の制服に身を固めているが、この人物は「イムカー＝アウスビルダー」計画により、スペインの軍事学校のひとつで教官を務めるドイツ軍曹長である。ドイツ軍の上級下士官は、すべてスペイン軍少尉（アルフェレス）に進級した。この階級を示す銀の星は彼の略帽と左胸にあり、胸の星は彼の属する歩兵科の識別色である白い四角な台布に留められている。（Campesino）

モロッコに住むスペイン人が一般に「チャンベルゴ」と呼ぶ鍔広の帽子は、スペインの焼き付くような夏にぴったりのもので、記章はつけずに使われた。写真は、1号戦車B型を指揮用に改造した小型指揮戦車（クライナー・ベフェールスヴァーゲン）の操作法をスペイン兵に教えている「ドローネ」戦車大隊のドイツ人教官。1号戦車のA型とB型は転輪の数で識別でき、前者は4個だが、写真の馬力向上型は5個ついている。(Molina)

兵団員は階級章を帽子には縦に並べ、上着には、袖にでなく左胸に横に並べた。これには多少の説明が要る。ナシオナリスタ軍には将校と下士官の人数が足りなかったため、多くの将校が仮進級し、それに見合う階級章を受領した。こうした仮の階級章は上着と軍用オーバーの両方、もしくはその一方の左胸の、「ガリェタ」（＝ビスケット）と通称される黒い布のパッチの上に取り付けられた。たとえば、1個大隊の指揮を任された大尉は、実際の階級である大尉を示す3個の六茫星［光芒が6本ある星］を袖に付け、一方、左胸にはひとつの「ガリェタ」の上に、少佐の階級章である1個の八茫星を付けていた。ナシオナリスタ軍当局はドイツ人志願兵全員をただちに1階級昇進させたため、階級章を左胸に付けるのがコンドル兵団でも通則となった。

ドイツでは、CLの平団員たちはすべて「レギオネーア」（スペイン語では「レヒオナリオ」）と呼ばれた。彼らの階級章は、スペイン陸軍の伍長——カポ・プリメロ 兵のひとつ上の階級で、ドイツの伍長（オーバーゲフライター）に相当する——のと同じ、1本の金色の横条だった。

コンドル兵団の下級下士官、軍曹（ウンターオフィツィア）は、スペインでは「スボフィシアル」と呼ばれ、2本の金色横条を階級章にしていた。スペイン陸軍に正確に合致する階級は存在しないが、階級章はスペインの上級下士官、曹長（ブリガダ）のそれと同じだった。CLの上級下士官、曹長（フェルトヴェーベル）は将校の最下級である少尉（アルフェレス）——ドイツの少尉（ロイトナント）に相当——の地位を与えられた。

CLの将校全員は、ドイツに居たときより1階級昇進したが、このやり方は多大の混乱をまねいた。同一人物が、あるときはドイツの階級で、またあるときは制服が示しているスペインでの階級で扱われたためだった（本書では

特記してない限り、ドイツでの階級を使用している）。ドイツの少尉はスペインの中尉、中尉はスペイン大尉、大尉はスペイン少佐、少佐はスペイン中佐、中佐はスペイン大佐の、それぞれ階級章を付けた。ただしCLの大佐は進級せず、やはりスペイン大佐の階級章を付けた。コンドル兵団の指揮官はスペインの少将の階級章である、金のバトンと剣を交差させた上に四芒星を重ねた記章を付けていた。

　将校の階級章はスペインの伝統と少し違いがあった。スペインでは尉官を示す1ないし3個の六芒星も、佐官を示す1ないし3個の八芒星も、すべて金製だが、CLの場合、六芒星は銀、八芒星が金だった。

　CLのもうひとつの特色として、各人のドイツ時代の兵科識別色を、階級章の台にする布地の色に使ったことがある。兵と下士官の場合、階級章は台布抜きで略帽と制服上着に直接、縫いつけられることもあった。だが特に将校のあいだでは、帽子の階級章は細い縁どりに見える程度にトリミングした兵科識別色の台布に付けられ、上着の階級章は正方形、または長方形の兵科色の台布の上に付けた。ドイツ空軍の兵科色は、空中および地上勤務員が金黄色、高射砲部隊が赤、通信部隊が茶、司令部が黒、医療部隊が暗青色。「ドローネ」戦車大隊のためにドイツ陸軍から募集した人員はローズ・ピンク、「イムカー＝ホルヒ」はレモン・イエロー、歩兵部隊の教官たちは白、砲兵部隊教官たちは赤だった。

その他の記章
Other badges

　コンドル兵団員たちは、当然の理由から、彼らがドイツ人だとわかるような記章はほとんど使わなかった。ひとつの例外として、「ドローネ」戦車大隊は黒のベレーにどくろとスワスチカを付けていた。1936年11月、フォン・トーマ中佐はこの部隊のために特製の戦車バッジを造らせたが（イラストH参照）、ドイツ当局はこの記章を戦争が終わるまで公認しなかった。

　CLにおおぜい居た通訳たちは略帽に「i」の字を表した小さな楕円形のバッジだけを付けた。もし上着に付ける場合は、台の布はダイヤモンド形をしていた。

　パイロットは右胸ポケットの上に、金属製の、もしくは刺繍した布で作ったスペイン空軍の翼マーク［操縦記章］を付けた。1938年まで、この記章は銀色の翼をつけた赤い円盤の上に、各人の飛行兵種を示す金色のマークを重ねていた。そのマークは、パイロットなら4枚羽根プロペラ、偵察員は五芒星、爆撃手は爆弾とライフルを十字に重ねたもの、そして無線通信士は稲妻を十字に組んだものだった。だがこの年には重要な変更が行われた。中央上部には王冠が頂かれ、赤い円盤の飛行兵種マークの下地には、ナシオナリスタ政府がスペイン国家紋章に新しく取り入れた、聖ヨハネの黒鷲が加わった。

　ドイツ人たちは、イタリアの「アビアシオン・レヒオナリア」のパイロット記章も使用した。これは1938年以前型のスペイン空軍操縦記章と、スペイン外人部隊のバッジ（火縄銃と石弓を十字に組んだ上に、真っ直ぐに立てた斧槍を重ねたもの）を組み合わせたものだった。イタリア空軍の操縦記章を制服の左側に付けている例も、多くの写真に見られる。

　コンドル兵団がこれ以外の記章を使用していた例は、写真からは確認で

きない。唯一の例外としては、ナシオナリスタ軍最良の部隊のひとつで、CL
もたびたび協同して作戦を行った「陸軍ナバラ軍団(クエルポ・デ・エヘルシト・デ・ナバラ)」の紋章である。これは
CL団員の右胸ポケットの中央に飾っていた（イラストF2参照）。

スペインでのドイツ飛行士
GERMAN AIRMEN IN SPAIN

戦闘機隊：88戦闘大隊
Fighters: Jagdgruppe 88

　1936年10月、すでにスペインにいたドイツ人部隊に増援として、あらたな戦闘機とパイロットが送られた結果、88戦闘大隊(ヤークトグルッペ)（J88）の編成が可能となった。これは大隊本部と、通常では中隊は3個のところを、4個の中隊(シュタッフェル)を持っていた。ただし第4中隊はわりあい短命に終わった。第5中隊も、きわめて短期間だが存在した。さらに重要なこととして、戦闘機の実用実験のための88戦闘機実験中隊(フェアズーフスヤークトシュタッフェル)（VJ88）も、88戦闘大隊とは独立した組織ながら、その短い存在期間中、88戦闘大隊と密接な連係を保った。

　88戦闘大隊が初め装備していたハインケルHe51複葉機は、ソ連製の単葉爆撃機や単葉戦闘機がスペインの空に出現し始めると直ちに、制空戦闘機としては時代遅れであることが明白となった。制空権を得るためには、新型のドイツ戦闘機の開発を一刻も早く完了させねばならなかった。そして1936年11月、いずれも単葉のメッサーシュミットBf109とハインケルHe112の原型機がスペインに送られた。CLのパイロットたちはBf109のほうを好み、1937年3月、スペイン内戦を通じて文句なく最良の戦闘機となったこの機体の、最初の実用型機を受領し始めた。

　He51をBf109に改変してゆくテンポは遅かった。メッサーシュミット社に

迷彩を施されたHe51が出撃から戻り、いま着陸したところ。コクピットの下には、1./J88のマークである漫画化されたカラスが描かれている。スペインの夏の炎天下、地上勤務員たちは往々にして短パンツ、もしくは水泳パンツだけになって作業した。1937年夏、He51の2個地上攻撃中隊はブルネテで共和国政府軍の突破作戦を食い止めるのに重要な役割を果たした。この激戦中、3./J88を指揮したのはアードルフ・ガランド中尉で、彼は胴体下に吊る補助燃料タンクを焼夷弾に改造するやり方を考案した。だがガランドはスペインでの服務期間をBf109を与えられるまで延長することができず、結局、1機の空中勝利も挙げることなくスペインを去った。しかし彼は3./J88のミッキーマウスのマークを忘れず、対ポーランド戦のあと、ついにメッサーシュミット部隊に配属されたとき、これを個人マークとして採用した。（Arráez）

は本国のドイツ空軍にもBf109を供給する重責がかかっていたためである。何ヶ月ものあいだ、88戦闘大隊ではHe51とBf109が共存し、Bf109は第2中隊（のちに第1中隊）でまとめて運用された。第3、第4中隊のパイロットたちは不満たらたら、He51で地上攻撃に専念し、上空援護をBf109が担当した。これがドイツ空軍における組織的な近接支援作戦の始まりであり、やがて1939～41年にかけての「電撃戦（ブリッツクリーク）」戦術の特徴となる。小型爆弾の複数投下と機銃掃射を適切な密度で組み合わせるやり方は、たびたび決定的な戦果をもたらした。内戦中、両陣営とも歩兵たちは空からの攻撃に対して、その実際の効果以上に臆病だったから、空襲は兵士の士気を著しく萎えさせ、ときには彼らはパニックに陥って逃げ出した。空からの直接攻撃は攻勢の際に敵の前線に突破口をつくるためにも、また防御の際、敵の進撃を阻止するためにも行われた。

　ドイツは飛行機を地上部隊の直接支援に使うことに深い関心を抱いており、88戦闘実験中隊もまた、急降下爆撃機として設計された他の機種を評価試験する任務を負わされた。ハインケルHe50やヘンシェルHs123複葉機などがそれで、どちらも地上掃射にはきわめて有能だった。88爆撃大隊（K88）（カンプフグルッペ）に移籍される以前、88戦闘大隊第5中隊に少数が短期間在籍したユンカースJu87シュトゥーカも、テストされたなかに含まれていた。短命に終わったこの第5中隊には、ついでアラドAr68複葉機がやってきた。昼間戦闘機としてはすでに時代遅れなので、夜間戦闘機としてテストしようという目的だったが、成果はほとんど上がらなかった。

　いうまでもなく、88戦闘大隊は地上攻撃任務などに満足していなかった。十分な機数のBf109が手に入るやいなや、He51はスペイン人に譲渡され、J88は敵戦闘機との空中格闘戦に熱中して、多大の戦果を挙げた。ドイツ人たちは、第二次大戦緒戦期のヨーロッパの空に彼らが君臨することを可能にさせた戦術的革命を、1938年にスペインの空で成し遂げたのだ。他の国々で採用されていた飛行隊単位の緊密な戦闘隊形に代わって、J88は基本的な戦闘隊形として、「ロッテ」（Rotte＝戦闘機2機のペア）と「シュヴァルム」（Schwarm＝二組の「ロッテ」）を試みた。こうした小ぶりで柔軟性に富む編隊形──スペインで、ヴェルナー・メルダースが実行した──のおかげで、ドイツのパイロットは高度な戦術的自由を獲得し、偉大な成功を収めた。

　新しい戦術を開発できた上に、CLに勤務したことにより、多数の戦闘機パイロットたちは実際の戦闘条件のもとで経験を積むことができた。第二次大戦で100機以上の空中撃墜を記録したドイツ飛行士のうち、7名（ボルヒャース、ガランド、イーレフェルト、リュッツォウ、メルダース、エーザウ、ヴィルケ）はスペイン戦の経験者で、最初の5名はコンドル兵団に所属していた。スペイン戦でのドイツ戦闘機パイロットに、個人として100を上回る勝利を挙げた者はなかったといっても、それは一面では、多くのパイロットが長いことHe51で我慢しなくてはならなかったからであり、またできるだけ多くのパイロットにスペインで勤務する機会を与えるため、スペインでの各人の服務期間が6ヶ月を超えることは希だったためである。

　全部合せて、スペインでドイツ人パイロットは118名が計314機の空中勝利をあげた（これに70機の"不確実"が加わる）。多くの戦闘機パイロットは1機の勝利もあげることなく服務期間を終えたものの、全員が戦闘飛行の苛烈な経験を得ることができた。スペインで最高のスコアを挙げたドイツ人エ

「パイロットとその"愛馬"」をあらわす典型的イメージ。人物は2./J88のウルジヌス少尉、シルクハットは第2中隊のマーク、"Bárchen"［ドイツ語で「小熊」］はこのBf109B固有の愛称。もっと接近した下の写真は、無名の英雄——整備員——の作業ぶりで、勝利のためには彼の貢献がパイロットと同じくらいに欠かせなかった。Bf109Bの火器は7.92mm機銃2挺がエンジンの上に並べて置かれていた。1938年7月に登場したBf109C型では火器がエンジン上に2挺、主翼に2挺となり、エンジンの馬力が強化された。この型でヴェルナー・メルダースは、短時日のうちにコンドル兵団最高のエースの地位に上りつめた。(Arráez)

ースはメルダースで、14機を撃墜した（スペイン・ナシオナリスタ軍で最高のエース、ホアキン・ガルシア・モラトの40機よりはるかに少ないが、モラトは戦争全期間にわたって服務している）。損失の面では、26名のドイツ戦闘機パイロットがスペインで戦死し、ほかに8名が病気や事故で死亡した。

爆撃機隊：88爆撃大隊と88急降下爆撃隊
Bombers: Kampfgruppe 88 & Stuka 88

　さきに述べたように、スペインに到着した最初のJu52はドイツ人たちにより、おもに輸送目的に使われた。88爆撃大隊（K88）が創設されると、Ju52は空輸任務をやめて爆撃機となった。大隊は本部と3個の中隊からなり、増援のJu52はイタリアとスペイン領モロッコを経て、スペインに空路到着した。戦闘機中隊はばらばらに分散して作戦行動することが多かったのに対し、K88は通常、集中爆撃による効果を最大に高めるため、各中隊がまとまって行動した。ドイツの空軍用兵思想にしたがって、その任務は多くが地上軍への戦術的支援だったが、戦略的作戦にも大隊は何度か参加した。その中には、ソ連から共和国政府に送られる援助物資の受け入れ口であるカルタヘナなど、港湾への爆撃もあった。

ハインケルHe111で装備したK88のある中隊で、出撃を前に最後の指示を受ける乗員たち。服装の自由がどの程度まで許されていたかが一見してわかる。長い革製コートを着ている人物が多いことに注意。He111B型は背部銃座にプレキシグラス製の覆いがなく、腹部銃座は離陸後に降ろす「ごみバケツ」型で、開放式だった。写真のハインケルは3色の迷彩塗装仕上げ。スピナとプロペラ端はしばしば、スペイン国旗の色である赤・黄・赤に塗り分けられていた。（Calpasoro）

　しかし、その設立からいくらも経たない1936年の末には、相手側にポリカルポフI-15複葉機やI-16単葉機など、ソ連製の近代型戦闘機が到着したことにより、K88の有効性はいちじるしく減殺されていた。損害が急増し、Ju52の作戦行動はほとんど夜間だけに限定された。その結果、1936年12月には若干の乗員が、そのころ実用化に入り始めた双発のハインケルHe111、ドルニエDo17、ユンカースJu86など、より新型の爆撃機についての教習を受けるためドイツに戻り、一方、これら各機種4機ずつがスペインに到着して、88実験爆撃中隊（VB88）が編成された。この部隊はVJ88とは対照的に、K88に追加の中隊として組み込まれ、実戦に参加した。VB88での戦訓により、Ju86は早々と落第が決まり、Do17は偵察のほうに向いていると判断され、爆撃隊の主力機種としてはHe111が選ばれた。

　だが、K88のHe111Bへの機種更改には時間がかかった。1937年7月、まず実験中隊が全機He111に装備を完了し、K88の第4中隊となった。しかしK88本来の3個中隊がすべてHe111に改変を終えたのは1938年7月になってのことで、同時に第4中隊は解隊された。

　1937年4月26日、スペイン北東海岸沿いのバスク地方を占領しようとするナシオナリスタ軍の作戦に呼応して、K88は若干数のイタリア機とともに、ゲルニカという小さな町を攻撃し、甚大な被害を与えて、数百人の市民を殺した。当時、世界のメディアは人民戦線を代弁して"何千人"もの死者が出たと報じたが、これは誇大だった。実際の死者数はいまだに確定できていないものの、300名前後と推定される。共和国政府側のプロパガンダはこれを真の"テロ"攻撃だと表現し、ゲルニカはバスク伝統の自治のシンボルである古代のオークの樹のあった場所だという事実と関連づけた。

　実のところ、ゲルニカは人民戦線軍が退却しつつあるルート上にあり、市

1./K88所属のHe111Bの乗員と地上勤務員たち。垂直安定板の"幸運の煙突掃除夫"［西欧で煙突掃除夫は幸運をもたらすと考えられている］は部隊マークではなく、この機の乗員たちの個人的なマーク。(Calpasoro)
["25●17"も同じマークを描いていた]

内の川にかかる橋は軍事目標として合法的なものだった。とはいえ、民間人を狙って殺す意図などはなかったにせよ、彼らの存在に対して不注意だったことは明らかで、これにより内戦を通じて最高の宣伝材料を人民戦線に進呈したことになった。またナシオナリスタ軍当局がこの行為を不器用なやり方で否認し、ゲルニカ破壊は"アカども"の仕業だと非難しようと試みたりしたものだから、宣伝効果はなおさら増した。

　民間人を戦略目標として故意に狙うことがコンドル兵団を象徴するように思わせてしまったことはあっても、K88の経験はドイツ空軍の計画立案者たちの理論を確認するのに役立った。戦略的作戦のために重爆撃機を開発する代わり、彼らは「電撃戦」のカギとなる地上部隊支援のための双発中型機をもって、ドイツ空軍爆撃機隊を装備することに決めたのだった。

　ドイツはこの思想追求のため、急降下爆撃用に設計されたSturzkampfflugzeug［直訳すれば「落下爆撃機」］、略して「シュトゥーカ」の有効性をもスペインでテストした。ハインケルHe50とヘンシェルHs123のテスト結果についてはすでに述べたが、一段とすぐれたシュトゥーカと判明したのはユンカースJu87だった。この機は秘密のうちにスペイン戦に参加し、機数もごく少なく、スペインには1機も譲渡されなかった。そのため、コンドル兵団がJu87を運用していることは、しばらくのあいだ一般には知られなかった。

　原型1機とJu87A生産型3機が1936年11月から、VJ88の一部としてスペインに初登場した。この部隊が解隊された際、Ju87はJ88の第5中隊に移り、Hs123が「シュトゥーカ88」と命名された新しい独立部隊の使用機に選ばれた。だがのちにドイツ人たちはHs123を急降下爆撃機としては却下し、これらをスペインに譲渡した。一方、1938年にはBシリーズのJu87数機（たぶ

本国のドイツ空軍の厳格な軍紀から遠く離れて、コンドル兵団では多くの乗員たちが自らの乗機に、派手な個人的マークを好き勝手に描き入れていたようだ。写真のハインケルHe111B-2 "25●15" にはその例が2つ見られる。胴体黒丸の上の「爆弾をつかんだ鷲」は第53「コンドル兵団」爆撃航空団のマークとして、第二次大戦中まで生き残ることになる。垂直安定板の両側には、機上戦死した黒いスコッチテリア［この機の乗員のマスコット］への献辞が、有名なウイスキー銘柄の広告を思い起こさせる調子で書かれている。犬の絵の上には "Peter † 13.6.38"、犬の下には斜めに "It's the Scotch !"、そして一番下には "Im Luftkampf über Sagunto"［サグント上空の空戦において］とある。（Hans Obert）

ん8機?）が、機材と戦術のテストを続けるためスペインに送られた。

「シュトゥーカ88」は結局、Ju87の部隊になった。この部隊はK88と基本的に共通点があったから、Ju87が出撃する際は通常、He111と同行した。スペインでのJu87の活動は最少のものに留まったが、きわめて高い評価を受け、結果として、ドイツ空軍は1939～40年の対ポーランド戦と西部戦線での戦いに、この機を間に合わせて使うことができた。

K88は多座席機を運用する部隊なので、コンドル兵団のなかでも死傷者を最も多く出したのは止むを得ないことだった。72名が戦死し、ほかに24名が事故、もしくは病気で死亡した。

偵察部隊：88偵察大隊と88（混成）海上偵察・爆撃中隊
Reconnaissance: A88 & AS88

大衆は戦闘機や爆撃機の活動に比べて、空中偵察という仕事にはつねに大した興味を示さない。だがドイツの作戦思想では、空軍を基本的につねに陸軍に協力すべきものと見なしていたから、偵察はきわめて重要だった。すでにCLの創設以前に、ドイツはナシオナリスタ陣営に少数のハインケルHe46短距離偵察機とハインケルHe45中距離偵察機を送っていた。CLが設立されると、その88偵察大隊（A88）に、さらに多数のHe46とHe45、加えて若干数のハインケルHe70がスペインに送られた。He70はきわめて高速で、軽爆撃や長距離偵察にも使われた。スペインでHe70はパイロットたちから熱狂的に支持されるほどの性能を示せなかったものの、この機で1個長距離偵察中隊が編成され、He45で近距離偵察中隊がつくられた。He46は間もなくスペイン人に譲渡された。

攻撃精神に富むドイツ空軍パイロットのこととて、A88の隊員たちは偵察任務だけに満足せず、できるかぎり戦闘に加わった。He45は地上部隊への近接協力を実行したし、He70は少量の爆弾を積んで、敵の前線の背後深くまで何度か出撃した——実際の効果より、むしろ見世物として終わりはしたが。

He70は1937年9月からスペインに譲渡され始め、徐々にドルニエDo17と交代していった。これにより、A88がK88に協力して爆撃任務に出動する機会はいっそう増えたものの、その主たる任務が偵察であることは変わらな

かった。ドイツ人たちが持っていた航空写真撮影機材はスペインにもイタリアにもないもので、重要な作戦が進行中の地域の上空を毎日飛ぶDo17は、ナシオナリスタ軍の参謀部に貴重な情報をもたらした。この不可欠な役割を遂行できるのはA88だけだったから、ついに部隊は偵察任務に専念させられることになった。

とはいえ、Do17の爆撃機としての能力は捨てがたいもので、これを生かしてスペイン軍自前の爆撃機中隊を編成するため、数機がスペイン側に譲渡された。He45については、より近代的で性能のいいヘンシェルHs126にゆっくりとだが交代していった。同時に、Do17が戦線に登場し始めると、偵察部隊は数個の小隊（Kette＝3機）からなる1個中隊に改編された。

コンドル兵団にはもうひとつ、偵察と戦闘の両任務を帯びた部隊があった。「88（混成）海上偵察・爆撃中隊」（AS88）で、単に「88海上飛行中隊」と呼ばれることもあった。すでに1936年9月、「W」特別司令部はスペインに水上機2機を送ることを決定していた。1機は単発のハインケルHe60、もう1機は双発のハインケルHe59で、最初の任務はナシオナリスタに物資を運ぶドイツ商船の護衛だったが、10月には敵側海上交通への攻撃を始めており、AS88が創設されると水上機の数は増えていった。

AS88はアンダルシア地方沿岸でしばらく作戦に従事したのち、最終的にマリョルカ島に落ち着いた。このころ人民戦線はスペインの地中海側の港（バルセロナ、バレンシア、アリカンテ、カルタヘナ、それに小さな港をいくつか）しか支配していず、そこを目指してくるあらゆる海上交通——とりわけ、ソ連から黒海を経由して運ばれてくる軍事援助物資——は、マリョルカ島から容易に攻撃できた。AS88はナシオナリスタ海軍とも積極的に協力して偵察を行い、また多数の船舶、港湾や沿岸都市、ときには内陸の目標に対してまで、爆撃や機銃掃射（まれに魚雷攻撃も）を加えた。

この小さな部隊はCLのなかでは唯一、一貫して他のCL部隊とは独立行

1938年、ブルネテ戦線上空を飛ぶ3機のユンカースJu87Bシュトゥーカ。Ju87はスペイン内戦にはごくわずかしか参加せず、写真も少ない。型式番号"29"と、主翼および翼端のマークに注意。(Topham Picturepoint)

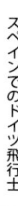

20mm高射機関砲の配置につくFlak88の砲手。ドイツはスペインへの最初の援助の一部として、対空火器と教官団を送り込み、1936年末には軽対空砲隊3個中隊がF88の一部として編成された。（Arráez）

動をとり続けたが、その戦果はめざましかった。配備機数は少ないのに、AS88の水上機隊は52隻もの敵船舶——大多数が中型船とはいえ——を沈めている。He59とHe60はよく働き、内戦が終わりに近づいたころようやく、より新型のアラドAr 95単発機やハインケルHe 115双発機が少数、交代のために送られてきたものの、ほとんどこれらは出る幕がなかった。A88の死者は23名（うち4名が病気あるいは事故による）、AS88の死者は17名（うち5名が病気あるいは事故）だった。

いままで挙げたもののほかに、CLはいくつかの機材を使用した。司令部（S88）はユンカースW34、フィーゼラーFi156「シュトルヒ」、メッサーシュミットBf108「タイフン」、クレムKl32を連絡用に使った。兵站支援部隊であるPark 88もシュトルヒを使い、気象観測隊W88はユンカースW34だった。CLには輸送機だけの中隊はなかったが、戦闘、爆撃の各中隊は自前のJu52を持ち、AS88の場合は水上型にしたJu52を持っていた。ほかに、スペインのCL司令部とベルリンの「W」特別司令部のあいだをJu52が毎週、定期的に往復していた。

空軍地上部隊
Luftwaffe ground units

コンドル兵団といえば、必ず思い出されるのは飛行部隊だが、実のところ最大の部隊は**高射砲大隊**（F88）で、1400名の人員を擁していた。当時の他の国々と違い、当時のドイツ高射砲部隊（Flak）は陸軍ではなく、空軍の所属だった。

内戦の勃発直後、ドイツは20mm機関砲装備の軽高射砲隊と8.8cm重高射砲隊をスペインに送った。CLが創設されたとき、スペインにいた対空砲部隊は重高射砲隊4個中隊、軽高射砲隊3個中隊にまで増えていた。のちに8.8cm砲には5番目の中隊が加わった。また軽高射砲の各中隊には3.7cm砲装備の1個小隊が配属され、一時は全中隊がこの砲で装備したこともあった。F88にはサーチライトの1個小隊と、自前の弾薬補給隊もあった。やがて、スペイン人砲兵を教育するために第9中隊が設立された。

当初、この強力な高射砲大隊はドイツ人飛行部隊が駐留する飛行場を防

8.8cm高射砲の教習風景。この火砲のきわめて優れた特質は直ちに認められ、スペインはこれを多数購入した。スペイン人隊員はオーバーを着ており、中央の軍服に乗馬長靴姿の人物が9./F88から派遣されたドイツ人教官。（Molina）

衛するものとされ、その火砲を地上目標の攻撃に使うことは禁じられていた。だが実際には、20mm、3.7cm、そしてなかんずく強力な8.8cm砲が、敵の車両や防御物への攻撃に使われて、すさまじい効果をあげた。地上目標に対する高射砲のこの有効性は、ドイツがスペイン内戦で得た最も重要な教訓のひとつであり、第二次大戦でも応用されて圧倒的な成果を収めた。内戦を通じて、8.8cm砲は61機の敵機を撃墜したが、最大の戦果は地上目標に対してのものだった。平射弾道によるその狙いの正確さ、発射速度の速さを買われ、この砲はナシオナリスタ軍のあらゆる攻勢の際に、とりわけ共和国政府側の空軍が空から一掃された戦争末期において、攻撃の先頭に立った。F88は移動せず陣地に固定するための部隊として組織されたものではなく、完全に自動車化されていたから、攻撃の際には容易に地上部隊に追従できた。

一方、スペイン人たちも8.8cm砲の高性能に喜び、自国軍に9個中隊を装備するに足るほどの数をドイツから買い入れた（ドイツは旧式の7.5cm砲もスペインに売りつけた）。内戦前、スペインの高射砲部隊はきわめて貧弱で、その小さな戦力が開戦により、さらに2つに割れていたのだから、この面へのドイツの肩入れはナシオナリスタ軍に決定的に有利に働いた。

コンドル兵団に創設された**通信大隊**（Ln88）は、そのなかにドイツ空軍通信隊の異なる専門分野をすべて包含していた点で異色の存在だった。第1中隊は電話の担当だが、スペインの電話網は未発達だったので、中隊には長距離電話線を敷設する任務を帯びた大規模小隊があった。第2中隊は無線通信担当で、情報分隊も含んでいた。第3中隊は対空監視通報隊（フルークメルデ・コンパニー）で、地上からの監視で対空警戒を実施した。第4は空中保安中隊（フルークジッハルング・コンパニー）で、航空管制を専門とした。航空管制のための施設はスペインではあまり発達していなかったので、Ln88はスペイン全土上空の航空を管制するため、空中保安本部（北）をサラマンカに、空中保安本部（南）をセビーリャに、それぞれ設立した。構成人員数から見れば、Ln88はコンドル兵団で2番目に重要な部隊だった。ドイツ空軍通信部隊はスペインで、機材の実用面でも、彼らが実施した戦術的応用面（空対地、地対地の通信、飛行機の識別など）でも、多大の経験を積んだ。これはドイツが意図していた形の空・陸協力戦にとって、

8.8cm高射砲の精巧な射撃管制装置は、その成功のカギのひとつだった。F88大隊と、そのスペイン人生徒たちの挙げた目覚しい戦果は、この砲の巨大な潜在能力をドイツ軍当局者に見せつけ、彼らはそれを第二次大戦で最大限に活用した。（Álvaro）

明らかに決定的に重要なものだった。

　修理・整備大隊（Park 88またはP88）も役立った。スペインに持ち込まれた飛行機の多くは新しいタイプのもので、技術的難問が続出し、さまざまな飛行機製造会社から大勢の技術者が、それらを現場で解決するためにスペインまでやって来なくてはならなかった。ましてCLは補給基地から遠く離れて行動する遠征部隊だったから、その効率を最高に保ちつつ戦うには、P88の存在は何よりも重要だった。CLができて最初の数ヶ月は、Park 88の本部はセビーリャに置かれていた。だが1936年11月のマドリード攻防戦から1939年3月の内戦終結に至るまで、主要な戦闘はほとんどスペイン国土の北半分で戦われたので、P88はレオン［スペイン北西部］に移った。ここは前線からは危険を避けるに十分な距離があり、北西海岸のビーゴやフェロルなど、セビーリャよりはるかにドイツに近い港湾への接続の便もあった。

コンドル兵団の死傷者
Condor Legion casualties

　CLの空中勤務者たちの戦死者は170名に達したが、空軍地上部隊（Ln88、F88、S88、P88）の死者は96名だけで、病気と事故による死者がこれとほぼ同数あった。

　これら空軍関係の損失に、CLで勤務した陸軍および海軍の損耗人員を加えると、死者の総数は299名にのぼる。その他のCLの傷病者（戦傷、事故による負傷、または病気）で、入院が必要な者は588名に達した。医療部隊はよく働いたが、重症の患者はドイツへ送還した。帰国後に死んだ者は、CL勤務中に死亡したものとされた。（ある種の伝染病を防ぐため、瓶詰めのミネラルウォーターがドイツから直送された。また当時のスペインの慣習として、ビールよりワインを飲むほうがずっと一般的だったから、兵団員のためにビールも母国から輸送された。）

ドイツ空軍による支援の要約
Summary of Luftwaffe aid

　内戦中、ソ連は人民戦線に対して、近代型（当時としてだが）のポリカル

A：ドイツ空軍
1：爆撃機乗員、88爆撃大隊、1937〜39
2：戦闘機パイロットの少尉、88戦闘大隊
3：爆撃機乗員、88爆撃大隊
4：「アビアシオン・レヒオナリア」の操縦記章

解説は62頁から

B：ドイツ空軍
1：軍曹、88(自動車化)航空通信隊
2：伯爵マックス・フォン・ホヨス少尉
3：ヴェルナー・メルダース中尉、3./J88
4：1938年型、ナシオナリスタ軍操縦記章

C：「ドローネ」戦車大隊　1936年10月
1：作業服の兵団員
2：訓練服の兵団員
3：冬季、兵団員の歩哨

D:「ドローネ」戦車大隊　1937～38
1：ヴィルヘルム・リッター・フォン・トーマ中佐
2：ハンス・ハンニバルト・フォン・メルナー少尉、第2戦車中隊
3：作業服の軍曹

E：教官たち
1：高射砲部隊の下士官
2：トレド歩兵学校の中尉
3：エーリヒ・グロッセ少佐、サン・フェルナンド海軍学校
4：M1935型鉄帽

F：司令官たち
1：フーゴ・シュペルレ少将、1937年夏
2：ヘルムート・フォルクマン少将、1938年
3：ヴォルフラム・フォン・リヒトホーフェン少将、1939年

G：式典　1939年4〜5月
1：振鈴木、コンドル兵団軍楽隊
2：振鈴木旗の裏面
3：旗手の軍曹
4：コンドル兵団軍旗の表面
5：車両の鑑札
6：車両旗、コンドル兵団参謀長用

H：褒章
詳細はイラスト解説を参照のこと

念入りに偽装を施された Ln88 の通信隊トラック。コンドル兵団の通信および通信情報部隊——空軍の Ln88 と、陸軍の「イムカー＝ホルヒ」中隊——は、スペイン内戦で重要な役割を果たしたが、そのことはほとんど報道されていない。（Campesino）

ポフ I-15、I-16 両戦闘機、またトゥポレフ SB-2 爆撃機を含む約 1000 機の飛行機を供給した。共和国政府はほかに約 500 機の飛行機を、その他の国々から買い入れた。イタリアはナシオナリスタに 704 機（イタリア側資料による）の飛行機を送った。

一方、CL で使用するためにドイツが送った飛行機は——1936 年以前に送られた少数機も含めて——合計 610 機だった。これらは 23 種もの異なる型式から成っていたが、実際のところ、まとまった数が使われたのはいくつかの型だけで、ほかはわずかな機数に過ぎなかった。多数が送られたもののひとつは戦闘機だった。CL は He51 複葉を 93 機、メッサーシュミット Bf109 を 139 機（B、C、D 型で計 94 機、Bf109E が 45 機）受領した。戦闘から生き残った He51 と少数の Bf109 は内戦中に、また終戦時にスペインに譲渡された。He112 試作戦闘機は 1 機だけが、また期待外れに終わった Ar68 夜間戦闘機は 4 機が送られた［He112 は少なくとも試作型 2 機——V4 と V9——がスペインにいたことは写真で確認できる］。

CL はユンカース Ju52 を 67 機受領し、生き残った機体はスペインに譲られた。爆撃用に使われていた Ju52 三発機の後継には、97 機のハインケル He111 がドイツから送られてきた（B 型が 61 機、E 型が 36 機）。このほかに 32 機のドルニエ Do17 が爆撃と偵察を兼行した。Ju86 は不成績で 5 機しか送られなかった。急降下爆撃という着想は He50（1 機）、ヘンシェル Hs123（18 機）、それにユンカース Ju87（試作型、A、B 型など 12 機）でテストされた。Ju87 はすべて（破壊された残骸まで含めて）ドイツに帰還したが、生き残った Hs123 はスペインに譲渡され、たいへん喜ばれた。

CL で純粋に偵察に使用された機体とその数は次の通り：He70 が 28 機、He45 が 25 機、He46 が 20 機、Hs126 はわずか 8 機。水上機は He59 が 27 機、He60 が 7 機運用され、終戦近くなって Ar95 が 3 機、He115 が 2 機、スペインに送られた。連絡機は、フィーゼラー Fi156 が 6 機、ユンカース W34 が数機、メッサーシュミット Bf108 が 5 機、クレム Kl32 が 4 機だった。

CL は全部で 72 機の飛行機を撃墜され、その 2 倍以上の数（160 機）を、地上戦で破壊されたり、機械的な故障や事故などによって失った。

ナショナリスタ空軍のなかでの CL の数的重要性は時期により異なったが、つねに大きなものだった。スペインに 100 機ほどの兵力で到着したとき、彼らはナショナリスタにとってきわめて重要な援軍となったが、同じころ共和国

政府側に新型のソ連製飛行機が到着すると、優位は急速に消滅した。1937年5月の時点で、ドイツは実戦用機100機ほどを保有し、イタリアの「アビアシオン・レヒオナリア」は150機、スペイン軍も同じ機数を持っていた。1938年12月、カタルーニャで攻勢が開始された際、CLは120機を実戦配備していたが、同じときナショナリスタ軍は180機、「アビアシオン・レヒオナリア」には約200機があった。

だが銘記しておかなくてはならぬのは、単なる数の問題を超越して、ドイツの飛行機の多くはナショナリスタ陣営のなかで技術的に最も優れたものだったことだ。ナショナリスタ陣営戦闘機のなかの真の働き馬は疑いもなく、イタリア軍・スペイン軍双方に多数使用されたフィアットCR32だったが、スペインにおける最良の戦闘機がBf109であることには議論の余地がなかった。

CLはつねに、そのとき入手可能な最新型機を使っていた。新型機がドイツから到着すると、古いタイプはスペイン人に譲られた。ナショナリスタは直接、ドイツから飛行機を買うこともした（以前コンドル兵団で使われていたものに加えて、全部で103機）。これらはおおむね、ドイツ空軍では旧式化したものだったが（たとえばHe45、He51など）、ドイツ空軍が採用していない新型機も含まれていた（たとえば、15機のHe112）。実のところ、いちばん多く購入したのはビュッカーBü131やBü133、ゴータGo145など練習機だった。スペイン人パイロットたちはドイツ製機で飛行を学んだだけでなく、50名ほどはドイツ空軍がドイツ国内に設けた訓練コースに留学した（他にイタリアに留学した者もいた）。また少数のドイツ人パイロットは、スペインの飛行学校で教官をつとめもした。

スペインはドイツ空軍の飛行機に好適な実験場を提供した。ここで得られた経験により、ドイツはそれまで迷いのあった飛行機設計概念を確立し、旧式な複葉機を新型の単葉機に置き換える動きを早めた。ある種の機体はこの試練に耐えられなかったが（たとえばJu86）、その能力に応じて、よりふさわしい用途を見出す機体もあった（Ju52は純然たる輸送機に、またDo17は偵察機となった）。急降下爆撃のテストは成功裏に終わり、Ju87が、この任務に最適の飛行機と確認された。およそ近代戦に適さないと判断された機種は訓練用に格下げとなった。

しかし、危険も冒さなくてはならなかった。1937年12月、Bf109とHe111が各1機、共和国政府軍の手に落ちた。彼らはそれをフランスに渡し、しばらくすると、フランスはそれをまたソ連に渡した。こうして、やがてドイツの敵となる2つの国は、第二次大戦勃発時のドイツ空軍の主要な2機種を詳細に調べることができたのだ。

ドイツ人たちは最初、人民戦線側のソ連製戦闘機がドイツのHe51より高性能で、Ju52爆撃機を撃墜できることを知って当惑したかも知れないが、ひとたびBf109が配備されると、たちまち優位を取り戻した。このことは自軍

死傷者たち。コンドル兵団員が命を落とした場所には必ず記念碑が建てられた。この石碑は1937年7月25日に戦死した3./K88の乗員たち——レオ・ファルク、ゲオルク・ユーベルハック、フリッツ・ベルントル、ヴァルター・ブレルツマン——のためのもの。彼らのハインケルはブルネテをめぐる激戦のさなか、サラマンカから飛び立ったのだった。階級が記されていないこと、またドイツ語の碑文は、彼らは「自由なスペインのために」死んだとなっているのに、スペイン語のほうは「神とスペインのために」とあることに注意。コンドル兵団の諸隊のなかで、爆撃機隊の被害は最も大きかった。(Arias)

San88のフェノメーン・グラニト25H救急車が、コンドル兵団の負傷兵をドイツへ送還するため、Ju52輸送機に横付けする。救急車のナンバープレートに「LC-」とあること、また飛行機が民間機登録記号をつけていることに注目。(Campesino)

　装備機の技術的優位性についての自信過剰を生み、恐らくは、ドイツ空軍がスペインで得た最悪の影響をもたらした。
　ドイツ空軍は1935年3月、公式に、また公然と発足した。当時、将校の人員は1100名だったが、1939年には1万5000名に増えていた。平時にこれほど膨張した空軍は史上に類例がなかったが、にもかかわらずドイツ空軍──戦争の前、あまりに遅くに創設され、あまりに急いで組織された──は、やがて第二次大戦前半におけるドイツの勝利の根本的な要因となる。スペインで得た教訓は、こうした高いレベルの効率に達するために決定的な役割を果たした。ナシオナリスタの勝利から、わずか6ヶ月後に第二次大戦が勃発したとき、ドイツは戦闘経験のある飛行士を、やがて敵となるどの国よりも多く抱えており、西ヨーロッパの民主主義国と比べた場合、その差はとりわけ大きかった。

スペインでのドイツ地上部隊
GERMAN SOLDIERS IN SPAIN

　コンドル兵団の地上部隊の働きは、空軍部隊のそれに比べれば地味だったとはいえ、重要さにおいては劣らなかった。すでに述べたように、CLが創設される以前、ドイツ陸軍は早くも「ドローネ」戦車大隊と称する小規模な装甲部隊をスペインに送っていた。CLの創設後、この分遣隊は増強され、やがては大隊本部、3個の戦車教育・実験中隊（1個中隊は戦車16両）、1個輸送中隊、整備班、それに小ぶりな対戦車砲分隊などからなる、兵員300名を擁する組織となった。

1939年5月12日、マドリード・バラハス飛行場で挙行された戦勝祝賀パレードで、巨大なSdKfz7半装軌車に牽引される8.8cm高射砲。各階級将兵約1400名を擁したF88は、コンドル兵団のなかで最大の部隊だった。(Molina)

　配備された戦車はⅠ号戦車。1936年末の時点で、Ⅰ号A型は41両、Ⅰ号B型は21両がスペインにあった。言うまでもなく、これは強力な戦闘部隊とは呼べない。実際には、フォン・トーマ中佐を指揮官とする「ドローネ」戦車大隊(より正確にいえば「イムカー＝ドローネ」)は、戦うことを意図して編成されたものではなく、戦車の技術的問題への対処法や機甲部隊の戦術的用法について、スペイン人を訓練するための組織だった。共和国政府軍側についたソ連人の戦車部隊とは違って、「ドローネ」戦車大隊のドイツ人たちは戦闘には偶然に参加したに過ぎず、このため戦闘による死傷者は最小に留まった。フォン・トーマ中佐は機甲部隊による作戦を指揮したりはしなかった。その代わり、彼はナシオナリスタ軍機甲部隊の「監査官」に任命され、ナシオナリスタ軍最高司令部に、その戦車部隊の組織や配備について助言した。訓練されたスペイン人要員が増えてくるにつれ、「ドローネ」の人数は減っていった。早くも1938年初めには、ドイツ人は本部、1個戦車中隊、対戦車砲分隊、輸送隊、整備班などに100名ほどしかいず、この数は内戦が終わるまでほぼ変わらなかった。

　その規模の小ささから、この部隊が内戦で果たした役割は取るに足りぬものだったと結論されるかも知れないが、それは間違いであろう。西ヨーロッパの他の国々と比較して、1936年のスペインは技術的に遅れていた。その上、ナシオナリスタが初め支配していた地域は都市でも工業地帯でもなく、農村だったから、技術的な教育を受けて入ってくる新兵の数は非常に少なかった。ドイツ人部隊の専門家が助けてくれなかったら、ナシオナリスタ軍が戦車部隊員に技術的訓練を施すことはきわめて困難だったろう。

　「ドローネ」戦車大隊用に海路運ばれてきた戦車と、ナシオナリスタ軍が直接ドイツから購入したものとを加えると、122両のⅠ号戦車がスペインで働いた。援助物であれ購入したものであれ、ナシオナリスタ軍がⅠ号戦車以上に有効な戦車を与えられなかったのに対し、共和国政府軍はより強力なソ連製BT-5とT-26戦車を備えていた。もしも共和国軍がこれらをもっと上手に使っていたなら、大幅な軍事的優位を得ていただろう。だが結局、これらの戦車多数がほぼ無傷でナシオナリスタ軍の手に落ちた。「ドローネ」大隊はその多くを修理して使用可能にし、ナシオナリスタがこれらを使えるように訓練し

た。ナシオナリスタ軍で最も有能な戦車中隊は、T-26で装備されていた。

ナシオナリスタは1936年10月、「戦車大隊（バタリョン・デ・カロス・デ・コンバテ）」1個を創設した。この部隊は本部、2個戦車中隊、1個輸送中隊、それに整備班から成っていた。12月にはこれにドイツ人分隊が編入されて、第3中隊ができた。1937年9月にはドイツから購入した新品のⅠ号戦車30両が到着し、10月には第4中隊が生まれた。同月、部隊は本部、輸送中隊、対戦車砲中隊、整備中隊、それに2個の戦車群（グルポ）からなる「第1戦車大隊（バタリョン）」に改称された。戦車群の内訳は以下の通りである。

第1群――第1、第2中隊（Ⅰ号戦車）、第3中隊（T-26）

第2群――第4、第5中隊（Ⅰ号戦車）、第6中隊（ルノーFT-17。T-26に更新中）

1938年2月、第1戦車大隊は「テルシオ」に配属となり、テルシオ流に「レヒオン戦車の旗（バンデラ）」と改名した。上記の群や中隊に加えて、FT-17編成の「ルノー中隊」、それに兵站部と戦車学校も併設された。同年10月には再び「レヒオン戦車集団（アグルパシオン）」と改称され、以前の「群」は第1および第2大隊となった。

つまるところ、戦車戦は内戦において決定的な役割を果たすことはなかった。だが共和国政府軍が戦車戦で、技術的にはより勝った車両を持ちながら優位を得られなかったという事実は、ナシオナリスタ軍機甲部隊の中核を作り上げた「ドローネ」戦車大隊の活動によるところが大きかった。

Ⅰ号戦車ではT-26に対抗できなかったにしても、ソ連製戦車は「ドローネ」が創設時からある程度持っていた3.7cmPaK35/36対戦車砲で確実に撃破できた。この砲は400ヤード（366m）の距離で40mmの装甲板を貫通した。対戦車砲は、ナシオナリスタ軍に不足している近代型兵器の典型だった。ナシオナリスタ軍はこれを300門購入し、「ドローネ」がスペイン兵にその操法を訓練した。共和国政府軍はそれ以上に強力なソ連製45mm対戦車砲を支給されていたが、またしてもこれらは大量に鹵獲され、その後、「ドローネ」はこの砲に加え、イタリアから供給された対戦車砲の操作について、ナシオナリスタ兵を訓練する任務を負うことになった。

リッター・フォン・トーマの部下たちは、ナシオナリスタ軍将兵に他のタイプの武器の用法も教えた。ナシオナリスタ軍の火砲はおもにイタリア製だ

「ドローネ」戦車大隊の隊員たちは1936年にスペインに着いてからしばらくの間、コンドル兵団の他の部隊とは異なった制服を着用し、下士官兵の階級章は胸にでなく、左袖に付けていた。イラストC2を参照のこと。（Campesino）

ったが、ドイツから旧式の7.7cm砲と火焔放射器が購入された。毒ガス防御の技術も教えられた。「ドローネ」戦車大隊はその存在期間中、6200名のナシオナリスタ兵を直接教育し、フランコ軍の技術的能力を向上させる上で、きわめて重要な貢献を果たした。

「ドローネ」戦車大隊がスペインで得た経験、またドイツ陸軍による未来の作戦との関連性は、ドイツ空軍の場合ほど価値のあるものではなかった。スペインでは、やがて起こる「電撃戦」で地上部隊の果たす役割についての予行演習になるものはなかった。とはいえ、I号戦車の脆弱ぶりは早々と判明し、「ドローネ」大隊はより装甲と火力に優れた戦車の必要性を繰り返し訴えた結果、よりよいタイプが開発された。反面、ドイツは3.7cmPaKの成功に喜び、これを過信して大量に配備したが、第二次大戦が始まると間もなく、その時代遅れぶりが白日のもとにさらされることになる。

イッセンドルフ集団と「イムカー=アウスビルダー」
Gruppe Issendorf & Imker-Ausbilder

　1937年1月末には、ドイツ軍人からなるもうひとつの小グループがスペインに到着していた。指揮官、ヴァルター・フォン・イッセンドルフ中佐にちなんで当初「イッセンドルフ集団」と呼ばれていた人々である。彼らを招いたのはナシオナリスタ軍ではなく、スペインのファシスト党であるファランヘ党だった。ファランヘ党は内戦の始まりからナシオナリスタの主義主張を支え、党員数でもその政治的影響力でも、目をみはる伸張をとげつつあった。ファランヘ党民兵隊は前線でナシオナリスタ軍と肩を並べて戦っていたが、当然ながら適任の士官や下士官が足りなかった。最初のファランヘ党首、ホセ・アントニオ・プリモ・デ・リベラは1936年11月、人民戦線に処刑されていたが、後継者マヌエル・エディーリャはフランコ政府に送られた新任のドイツ大使に、民兵に軍事訓練を施してくれる教官の派遣を要請した。教官団は1937年1月から到着し始め、3月にはおよそ50名のドイツ将校が、フ

コンドル兵団の軍服をまとった2人の志願兵が、スペイン人戦友たちにI号戦車の基本的構造を説明している。戦車は支給されたときの暗灰色の塗装が明るい色調——たぶん茶褐色？——に全面的に塗り替えられたらしく、スペインでのその暗号名「チビ黒戦車（カロ・ネグリリョ）」に合わなくなってしまった。制服のドイツ人と、多種多様な身なりのスペイン兵——その多くは明らかに民間服を着ている——の好対照に注目。（FDR）

I号戦車よりも格段に優れたソ連製T-26戦車の出現は、ドイツ人たちにとって不快な発見だった。これは民間技術者を含む一群のドイツ人が、撃破されたT-26を点検しているところ。I号戦車B型は2人乗り、重量5.8t、火力は7.92mm機銃2挺、装甲板の厚みは最大13mmなのに対し、T-26 M1933は3人乗り、重量9.4t、ドイツ製3.7cm対戦車砲から発達した45mm砲を装備し、最大厚さ25mmの装甲板で防御されていた。（Campesino）

ァランヘ党軍事学校で教育を始める用意を整えていた。

だが、わずか1ヶ月後、軍事学校は閉鎖され、フランコはエディーリャを逮捕させた。ついでフランコは、ファランヘ党とカルリスタ（王党派と超保守主義者）を統合させて、みずから新政党の党首に就任した。フランコはナシオナリスタ陣営ではファランヘ党であれ他の党であれ、党が軍と競うような力を持つことを好まず、まして彼らが自前の指揮官を養成することなど論外だったのだ。しかしドイツ人教官団は帰国しなかった。ナシオナリスタ軍には、新任の将校と下士官を訓練する緊急の必要があったためだった。

内戦前のスペイン陸軍は小規模なもので、1931年以降は左翼政権［第二共和国］が、それをさらに縮小するべく全力をつくしていた。さきに述べたように、内戦勃発時に軍は分裂し、階級を問わず、あるものは政府に忠誠を示す一方、あるものは蜂起を支持した。戦闘が始まって数ヶ月のうちに、左派の民兵たちは反乱者に好意的だと疑われた将校を大勢、処刑した。内戦が始まったのちナシオナリスタ軍は、多くの新部隊を編成しなくてはならない一方で、第一線で戦う下級将校の死傷率があまりに高いため、必要な指揮系統の確保が難しいことに気づいた。フランコ軍は結局、約100万名もの規模に成長したのだから、最初は、ある種の最低条件を満たしている一般市民を少尉や下士官に指名して、間に合わせの指揮系統を作り上げる必要があったのは明らかだった。やがて、一時的な階級である「臨時少尉」や「臨時軍曹」を設けて、この手続きを規定することが決まった。

訓練課程は確立され、ナシオナリスタの支配下にある各地に軍事学校が設立された。こうした学校の教官は、年齢や負傷のため、もはや前線での現役勤務に就けないスペイン人将校たちで、結果として彼らは何がしかの肉体訓練を必要とする課目面では、生徒を教育することができなかった。フォン・イッセンドルフ中佐の指揮下のドイツ将校は、スペイン人教官とともに働くため、これらの学校に派遣され、その人数は着実に増えていった。彼らはコンドル兵団の陸上部門の一部として、その構成員であり続けた。陸上部門の暗号名は「イムカー」だったので、彼らは「イムカー教官団」の暗号名で呼ばれた。コンドル兵団の他の部隊の場合と同様、人員は規則的に交替したが、平均すると「イムカー＝アウスビルダー」は常時、150名の教官を

擁していた。

　十分に訓練されたスペイン人戦車兵が増えてくるにつれ、「イムカー＝ドローネ」には人手の余裕が生まれ始め、そのなかから数十名の教官が「イムカー＝アウスビルダー」の仲間たちに加わった。最後に、大佐に進級していたリッター・フォン・トーマが「イムカー＝ドローネ」と「イムカー＝アウスビルダー」双方の指揮官に就任した。

　ドイツ人教官団のなしとげた業績はみごとだった。その存在期間中、「イムカー＝アウスビルダー」は歩兵部隊のために1万8000名の臨時少尉と1万9000名の臨時軍曹を養成するという大きな貢献を果たした。「イムカー＝アウスビルダー」の教官たちは複数のチームに分かれて、化学戦学校で専門家を育てたり、海軍学校や軍自動車学校で基礎訓練を監督したりした。技術将校たちのグループも技術学校や通信学校に派遣されたが、これは一面では、フランコがドイツから購入した装備品についての教育を施すためでもあった。

ナシオナリスタ軍は修理可能な状態のT-26を大量に鹵獲し、「ドローネ」戦車大隊のドイツ人たちが、その操作法をスペイン人に教える任務を請け負った。その後、これらの戦車はナシオナリスタ軍の塗装を施され、スペイン戦車連隊第3、第6中隊に配属された。空から見て識別できるよう、砲塔頂部ハッチに聖アンデレ十字（斜め十字）が描いてあることに注目。（Campesino）

スペイン人部隊のI号戦車がトラック——たぶんアメリカ製のGMC ACX-504——に乗り入れるところ。「ドローネ」戦車大隊の輸送中隊はSdAh115輸送トレーラーを牽引する、さらに大型のフォマークDL48トラックも使っていた。（Steven Zaloga）

「イムカー＝ホルヒ」
Imker-Horch

　コンドル兵団を構成していたドイツ陸軍部隊のなかで、もうひとつ、よく知られていないのが「イムカー＝ホルヒ」である。これは通信情報中隊——無線聴取中隊（フンク・ホルヒ・コンパニー）——だった。これはドイツが完成した得意分野であり、事実、偵察機とともに彼らの主要な情報収集源となっていた。内戦中のこの部隊の活動は秘密に包まれていて、今日ですらほとんど判明していない。「イムカー＝ホルヒ」と呼ばれたことすら滅多になく、もっとわかりにくい「グルッペ・ヴォルム」［＝ヴォルム集団］という名前が最も多く使われている。彼らは小隊に組織されて、あらゆる戦線をカバーし、内戦全期を通じてフランコ軍総司令部に、共和国政府軍の配置やその意図についての正確な情報を提供した。この部隊には約200名のドイツ人が勤務し、彼らは若干数のスペイン人にそのテクニックを教えもした。ナシオナリスタ軍にとって、この活動がどんなに貴重なものだったかは、以下の事実が疑いもなく示している。コンドル兵団では、全部で63名が「個人軍事勲章」——スペインで2番目に高位の軍事褒章——を授与されたが、うちドイツ陸軍関係者は2人に止まった。ひとりはフォン・トーマ大佐、そしてもうひとりはエルンスト・ヘルツァー中佐、すなわち「イムカー＝ホルヒ」の指揮官だった。

　　　　　　　　　＊　＊　＊

　CLに勤務したドイツ陸軍軍人の死傷者は、その任務の関係上、空軍のそれに比べるときわめて少ない。死者28名のうち、戦死はわずか7名、事故死が14名、病死が7名だった。

　空の戦いという状況のなかでは、CLの貢献度はイタリアの「アビアシオン・レヒオナリア」と容易に比較ができる。だが地上ではまったく状況が異なっていた。イタリアは何万という兵士を送り込み、完全編成師団（小ぶりではあったが）4個、一時は5個を組織して、大規模な戦闘に加わった。ほかに多数のイタリア人がスペイン＝イタリア混成部隊（イタリア人の将校、イタリア人とスペイン人の下士官、スペイン人の兵）で、将校または下士官として勤

現代の技術戦において、支援部隊の役割は決定的ですらあるのに、彼らが戦闘部隊と同等の注目を集めることはほとんどない。これは1937年のマドリード攻防戦で大きな損傷を受けたI号戦車を、クバス基地で修理中の「ドローネ」戦車大隊工作中隊の整備員たち。右のオーバー姿は中隊長アルベルト・シュナイダー中尉、中央のセーターに繋ぎ服の人物はパウル・ヤスクラ少尉。(Campesino)

務したし、また大勢のイタリア人がナシオナリスタの設けた軍事学校で教官を務めた。

　これを共和国政府軍に勤務したソ連人たちと比較してみるのも興味深い。イタリア人に比べて総人数は少なかったものの、ソ連人は高級将校が多数、共和国政府軍の最上層部にいて、司令官や参謀長を務めていた。ドイツ人たちは今まで見てきたように、教官としての役割に甘んじ、スパインでの陸軍先任将校フォン・トーマは機甲戦に関することについて、ナシオナリスタ司令部の顧問をつとめるに過ぎなかった。だが飛行部隊の活動に比べて、あまり注目されなかったとはいえ、「イムカー＝ドローネ」と「イムカー＝アウスビルダー」の働きはナシオナリスタ軍の勝利にきわめて貢献した。また、ドイツ人たちにとっても有益だった。自軍より近代型のソ連製戦車と遭遇したことにより、III号およびIV号戦車を早急に多数生産する必要があることを認識したからである。

　ソ連赤軍はスペインにいた軍事派遣団からの報告に基づき、巨大な機甲

ドイツ製10.5cm leFH18野戦榴弾砲について教習を受けようとしているナシオナリスタ軍砲手たち。ドイツがナシオナリスタ軍歩兵将校および下士官の訓練について部分的に責任を負ったのと同様に、イタリアは砲兵の訓練について協力した。だが1938年、ドイツもついに砲術教育大隊を送ってきた。これは3個中隊編成で、各中隊にはやがてドイツ陸軍の標準装備となる砲――15cm野戦榴弾砲、10.5cm野戦榴弾砲、そして10.5cm野砲――が、それぞれ割り振られていた。ルフト大佐を指揮官とする砲術教官団は、決して望んだわけではなかったものの、実際に戦闘も経験している。(Steven Zaloga)

集団を解隊し、戦車を歩兵の支援のために分配した。フランスは1号戦車のスペインでの不成績を知って、より装甲と火力に優れたフランス戦車がドイツ戦車に敗れることはないという自信を抱くに至り、やはり戦車を小部隊に留めて歩兵の支配下に置く決定をした。フォン・トーマ大佐をはじめ、スペインで戦ったドイツ戦車兵たちはこうした誤った結論を出すことなく、「電撃戦」理論を支える機甲部隊の集中使用の利点を確信し続けた。

ドイツ海軍の支援
GERMAN NAVAL AID

　ドイツ海軍(クリークスマリーネ)もスペイン内戦に加わったが、おおむねその活動はコンドル兵団の枠の外で行われた。その参加実態については異なる3つの側面に分けて見る必要がある。まずは、スペイン・ナシオナリスタへの援助物資の海上輸送。ついで、国際連盟の不干渉協定の枠組みに基づく、スペイン沿岸の哨戒。最後に、コンドル兵団へのきわめて小規模な海軍派遣団の存在。
　スペイン向け軍事援助の海上輸送は、いわゆる「海運部隊(シッファールトアプタイルンク)」の海軍軍人たちが、ドイツ本国の「W」特別司令部のなかですべて立案した。この目的には民間商船が使われ、海軍が目立たぬように護衛し、大西洋を通って目的地に向かった。内戦期間を通じて、ドイツ船によるスペインへの軍事物資輸送航海は170回にのぼった。
　内戦中、ドイツ海軍が果たした他の2つの任務を理解するためには、1936年当時のスペイン海軍の実態を見ておかなくてはならない。7月18日に蜂起が始まった際、事実上すべての海軍艦艇は共和国政府の支配下に留まった。下士官と水兵が、彼らの上官──ほとんどが蜂起に好意的だった──に対して反乱を起こし、その多数を殺害したためである。ナシオナリスタの蜂起参加者は、造船所で修理中の、つまり動けない、わずかな数の艦艇を支配できたに過ぎなかった。こうした状況下で、軍艦を乗っ取った水兵たちが、もしも艦を動かせていたら、人民戦線の速やかな勝利に大いに役立っただろう。だが彼らにはそれが出来なかった。このことはナシオナリスタに自前の海軍を造り上げる時間を与え、その海軍は共和国政府軍のそれよりもはるかに有能なことを実証した。
　ナシオナリスタ海軍を造り上げるのに要した何ヶ月かのあいだ、ドイツの援助は──イタリアのそれよりずっと小規模とはいえ──きわめて価値あるものだった。ドイツ海軍は内戦が始まると直ちに、ドイツ人を避難させる任務を帯びて、スペイン領海に艦艇を配置した。第三帝国がナシオナリスタに大規模な軍事援助の提供を決定したのち、海軍はより秘密の新任務を受領し、それを実行するため、重要な戦力に、スペイン領海への進出を命じた。合計すると、"ポケット戦艦"つまり超重巡洋艦3隻(「ドイッチュラント」、「アトミラール・シェーア」、「アトミラール・グラーフ・シュペー」)、巡洋

艦6隻、魚雷艇12隻、それにUボート14隻が、スペイン海岸に沿って哨戒を実行し、その多くは内戦開始から1937年末までに行われた。ただ、これら全艦が同時に任務についたわけではなく、交替しながら配置された。これらはCLの一部ではなく、「スペイン派遣艦隊司令官」(Befehlshaber der Seestreitkrafte vor Spanien) の指揮下にあった。しかし内戦が終わると、これらの艦の乗員たちは、コンドル兵団のために制定されたものと同じ勲章を授与された。

　その任務は、初めはドイツの資産を保護すること、ついで、ナシオナリスタに物資を送るドイツ船舶の護衛だったが、1936年10月からは、人民戦線の支配下にある港に向かう海上交通——わけても、軍需物資を運ぶ船——についての情報を集めることも加わった。これは共和国政府に対する宣戦布告抜きの戦争に、ドイツ海軍が加わることにつながった。1936年11月、ドイツとイタリアは潜水艦を持たないナシオナリスタ海軍を支援することを決め、人民戦線に物資を運んでくる船への攻撃に参加するため、スペイン海域に潜水艦を派遣した。ドイツ艦は大西洋で、イタリア艦は地中海で行動した。内戦期間中、イタリア潜水艦はこの種の航海をたびたび実施したが、大西洋の港の多くはナシオナリスタの手中にあった関係上、ドイツ潜水艦乗りたちが戦えるチャンスはより少なかった。だが1936年11月と12月、2隻のドイツ潜水艦がイタリア部隊増援のため地中海に入り、その1隻、U-34はマラガ沖で共和国政府海軍潜水艦C-3を魚雷攻撃により撃沈した。

スペイン内戦にドイツUボートが参加したことは多くの場合、見落とされている。この写真はピンぼけながら貴重なもので、ⅦA型ボート、U-36の司令塔が見える。司令塔前部に描かれた縦のストライプは一見ナシオナリスタ旗の赤/黄/赤のようだが、実はドイツ国旗の黒/白/赤である。これはスペイン海域に出動した別のⅦA型ボート、U-35(ヴェルナー・ロット級)の写真で一層よくわかり、こちらはストライプの最上部にドイツ海軍の「鷲とスワスチカ」も大きく描いている。(Campesino)

スペインの海を哨戒するドイツ海軍艦艇は、スペイン本土にあるナシオナリスタ支配下の港のほか、スペイン領モロッコの港にも錨を降ろした。これはモロッコで休暇上陸中、アラブ人少年のろば（ブロ）に戯れる水兵たち。（FDR）

　国際連盟がスペイン内戦の拡大を防ぐために設置した、いわゆる不干渉委員会（その中には現に内戦で積極的な役割を果たしているソ連、イタリア、ドイツなどの国々も入っていた）は、協定が守られているかどうかを監視するため、1937年3月から海上パトロールを始めることを決めた。ソ連海軍はこれに参加せず、スペイン海岸沖哨戒活動はフランス、イギリス、ドイツ、イタリア各海軍に任された。ドイツとイタリアは共和国政府支配下にある地中海側の哨戒を担当することになり、おかげで、人民戦線への軍事物資輸送をいっそう容易に統制できた。

　こうした任務を遂行中の1937年5月29日、イビサ付近で、ポケット戦艦「ドイッチュラント」はソ連人が操縦する共和国政府軍のSB-2爆撃機2機に攻撃された。その5日前にも、SB-2隊はマリョルカ島パルマ港のイギリス、ドイツ、イタリア艦を爆撃していた。これについて抗議を受けていながらの再度の攻撃は、ドイツを怒らせて報復行動と内戦への公然たる介入に走らせ、その結果として他の国々に不干渉方針を捨てて人民戦線政府支持に踏み切らせるための、計算済みの行動と思えた。この攻撃で「ドイッチュラント」のドイツ水兵が31名死亡し、さらに数十名が負傷した。報復として、「アトミラール・シェーア」が5月31日、地中海岸の都市アルメリアに砲撃を加えた。ドイツ

とイタリアは国際連盟の海上哨戒活動を2週間にわたり拒否し、ようやく復帰したところへ、巡洋艦「ライプツィヒ」が二度にわたって攻撃された（1937年6月15、18日）。損害はなかったが、これで両国は哨戒活動を永久に取り止めた。このころにはナシオナリスタ海軍が役に立つレベルに達していたので、ドイツ海軍のスペイン沿岸での責任は大幅に軽減された。

スペイン内戦に直接参加したドイツ海軍軍人については、その活動は1936年8月、将校3名と専門家たちが、ナシオナリスタに機雷、信号、沿岸砲台などにつき助言を与えるため、スペインに到着したことに始まる。ドイツからの軍事援助物資の陸揚げ港に選ばれた港には、荷降ろし作業の監督のため、やがて別の将校たちが派遣された。コンドル兵団が創設されると、海軍顧問団の数は増え、「北海集団」（グルッペ・ノルトゼー）（または「錨集団」（グルッペ・アンカー）の暗号名でも知られる）が結成された。これは人数では取るに足らぬもので、わずか数十名の集団だったが、いくつか重要な面でナシオナリスタを助けた。この援助はおおむね、ナシオナリスタ海軍艦艇に装備する砲と通信機器をドイツから送るという形をとり、なかでも完工前にナシオナリスタの手に落ちた巡洋艦「バレアレス」と「カナリアス」がその対象となった。実際にナシオナリスタの艦に乗り組んだドイツ海軍軍人はわずか数人だったが、そのひとりは「バレアレス」が共和国政府軍駆逐艦隊に沈められた際に死亡した。ほかに「錨集団」の4名が病気や事故で亡くなった。

ドイツ海軍がナシオナリスタ海軍に与えた援助は、イタリア海軍（レジア・マリナ）のそれに比べたら重要度でははるかに小さかった。同様に、内戦に参加してどれほど有益な経験を積んだかという点でも、ドイツ海軍は空軍や陸軍に比べて、はるかに貧しかった。ドイツ海軍にとって、スペイン内戦への介入は、実弾を使う大規模な演習に参加したのに過ぎなかった。それでもCLがドイツに帰還し、公式の場で表彰されたとき、スペインの海で働いたドイツの船乗りたちは、空軍や陸軍の僚友たちと肩を並べて行進した。

勝利とその結果
VICTORY AND ITS AFTERMATH

1939年4月1日、スペイン内戦はナシオナリスタの完全な勝利のうちに終わりを告げた。以来、この勝利に対するドイツの真の貢献度については多くの論争が続いている。

左翼の歴史家は、ドイツのフランコへの支援がすべてを決したとする。一部の人々は、1936年7月の蜂起にドイツが一枚加わっていたとさえ暗示しているが、これはまったくの虚構であることが証明されている。こうした論者たちは、フランコはドイツの支援のおかげでようやく勝てたのだ、と示唆することで、彼をヒットラーの操り人形のように描こうとし、したがって第二次大戦終結以来、ナチ・ドイツに浴びせられているのと同じ世界的非難の波を、

フランコ政権も負うべきだ、とする。奇妙にも、こうしてコンドル兵団を重要視することは、イタリアがフランコに与えた、もっと大きな援助への過少評価につながっている。だが実際には、イタリアからの援助のほうがはるかに決定打となったのだ。

親フランコ派の歴史家については、当然ながら話は反対になる。彼らはナシオナリスタの掲げる目標へのドイツの貢献を最小視しようとするが、これがまたコンドル兵団の果たした役割を算定することを困難にしている。

今日では、より客観的な評価が可能である。結論からいえば、ドイツの援助は、特に戦争のある特定の時期には重要だったが、フランコ軍の最終的勝利に決定的な役割を果たしたとまで評価することはできない。それを果たしたと主張できるのは、明らかにイタリアからの援助である。

ドイツ＝スペイン関係
German-Spanish relations

ドイツ人たちはスペインに滞在中、ナシオナリスタの主義主張を支持する人々とはおおむね、友好的な関係を結ぶことができた。歴史的に見ても、かつて両国のあいだに深刻な争いは一度もなく、ドイツは多くのスペイン人から、文化面でも科学面でも先進国として尊敬されていた。初めのうちは、"ドイツ外人部隊"の存在をスペイン民衆に隠そうとする試みもされたが、すぐにそれは不可能になった。ドイツ義勇兵たちは銃後の地域で非常な人気を博し、多くの公的な行事に参加した。CLは1938年4月には自前の音楽隊までつくり、スペイン各都市でたびたびコンサートを開いた。

だが、ドイツ軍人とスペイン・ナシオナリスタ軍人との関係はまた別だった。スペイン軍はフランス軍の影響を強く受けていたことから、軍事的な伝統の違いは大きく、またスペイン人のラテン気質は、コンドル兵団のゲルマン精神と際立った対照をなしていた。スペイン人は早々と、自分たちと多くの点で価値観を共有するイタリア人とのほうが、ずっとうまくやってゆけることに気がついた。とはいえ、こうした国民性の相違はあっても、ドイツとナシオナリスタの軍人同士のあいだに、とりたてていうほどの重大な事件は起こらなかった。ドイツ兵の大多数がスペイン兵とは無関係に、自軍部隊のなかで行動していたため、深刻な緊張関係は生じずに済んだのだった。

摩擦が生じたのは、おもに首脳部レベルでのことだった。ドイツ軍は伝統的に、できるかぎり短時間のうちに積極的攻勢を実行することをきわめて重視していた。彼らから見れば、この内戦での作戦指揮ぶりは絶望的にのろかった。スペインでの軍事行動を極力早く終わらせたいというドイツ側の強い願望は、中部ヨーロッパで生じつつある不安定な状況と大いに関係があった。オーストリアとズデーテンラントをめぐっての危機が、大規模な戦争に発展しそうだったのだ。ドイツ国防軍（フェーアマハト）はそのすべての戦力を母国の国境内に集中する必要があった。この緊張はついに、内戦はまだ終わっていないにもかかわらず、CLをドイツに引き揚げる話にまでなり、この危機の期間中の1938年初頭には、CLへの軍事援助は事実上凍結された。

観兵式と叙勲
Parades and decorations

内戦が終了したのち、CLはスペインとドイツの両地で多くの公式祝典に

参加した。1939年5月12日、マドリードのバラハス飛行場で、スペインのナシオナリスタ空軍と、いわゆる連合空軍の飛行機、ならびに将兵たちによる大規模な観兵式が行われた。この式典でイタリアとドイツの飛行士たちは、まとめてスペインの勲章を授与された。同日、フランコ将軍はCLに、そのスペインでの働きを感謝して栄誉の軍旗を贈った。CLはスペインとドイツで行われた何度かの観兵式に、この旗を掲げて行進した。

1週間後の5月19日、マドリードの中心部を通る勝利の分列行進にCLから大勢が参加した。こうした式典にマドリードで何度か加わったのち、大部分のドイツ将兵は、かつてCLの主要な補給基地だったレオンの町を訪れた。5月22日には、コンドル兵団がスペインに公式に別れを告げる大パレードが行われ、その4日後、CLを乗せた帰国船がハンブルクに向けて、ビーゴ港を出た。

ドイツ本国では、大衆は自国がスペイン内戦に加わっていることを、少なくとも戦いの進行中は知らされていなかった。だが戦争が終わったとたん、ドイツの果たした役割は公に知られるところとなった。ハンブルクでは帰還兵たちのために大宴会が開かれた。また彼らがドイツの地に到着するやいなや、スペインで働いたドイツ人全員には特別の勲章、「スペイン十字章（シュパニエン・クロイツ）」が与えられることが明らかになった。帰国した将兵はハンブルクからデーベリッツ演習場に移され、そこで、かつてCLに勤務し、すでに帰国していた人々全員と合流した。6月5日にはスペイン十字章が一括して授与され、翌日にはヒットラーの主宰で、CLだけでなく、スペイン領海で哨戒勤務についた海軍将兵も参加して、1万4000名の大パレードが開催された。

CL団員にはスペインの多種多様な勲章（イラストH参照）が授けられた。最高位の勲章である「聖フェルナンド月桂冠十字章（クルス・ラウレアダ・デ・サンフェルナンド）」を受けた者はなかったが、上から2番目に高い勲章、「個人軍事勲章（メダリャ・ミリタル・インディビドゥアル）」（MMI）は63名に与えられた。MMIは基本的に戦闘での勇敢さに対する褒章だったから、受章者の大部分はパイロットが占めた。K88から31名、J88から14名、A88から10名、それにAS88が1名だった。F88で唯一のMMI受賞者は最も長期間にわたり指揮官を務めたヘルマン・リヒテンベルガー。S88では最後の参謀長ハンス・ザイデマンが受けた。CLの一部として、おもに教官を務めた陸軍関係者でMMIを受けたのは、さきに述べたように2名だけだった。CLの3代にわたる司令官——シュペルレ、フォルクマン、フォン・リヒトホーフェン各大将——は、ダイヤモンドの飾りを施した特製の個人軍事勲章を贈られた。これはスペインの伝統からまったく外れたことで、ドイツ人の好みに譲歩したと考えるべきであろう。

軍事勲章には兵士たちの集団——ときには部隊全員——に与えられるタイプのものもあり、「集団軍事勲章（メダリャ・ミリタル・コレクティバ）」として知られていた。これはモロッコ駐屯軍をスペイン本土に運んだ"空の橋"に加わったパイロットたちに贈られた。

CL団員に贈られた、そのつぎに高位の勲章は「戦争十字章（クルス・デ・ゲラ）」だった［原注：1942年、個人軍事勲章と戦争十字章の中間の等級として「棕櫚付戦争十字章（クルス・デ・ゲラ・コン・パルマス）」が制定された。これがコンドル兵団員に遡って贈られることはなかった］。この勲章は一般に、かつてのスペイン女王にちなんで「マリア・クリスティナ十字章」として知られていたことから、共和国政府により廃止されていた。内戦中、ナシオナリスタ軍はこれを復活させ、そのた

スペインの街を行進するコンドル兵団の軍楽隊。振鈴木（イラストG1と解説を参照）に注目。ナシオナリスタ支配下のスペイン後背地で、ドイツ人義勇兵たちは絶大な人気があった。（IHCA）

め「1936-1939戦争十字章」と呼ばれることもよくあった。たぶん1000名ほどのドイツ人が、これを受けている。さらに多かったのは、スペイン人が俗に「赤十字章」（クルス・ロハ）と呼んでいる「軍功赤色十字章」（クルス・ロハ・デル・メリト・ミリタル）で、5500名を上回るドイツ人に贈られた。

　これら3種の勲章は通常、勇敢さ、もしくは軍部隊の卓越した指揮ぶりに対して授与された。ドイツの（およびイタリアの）義勇兵たちはこれらを、スペイン兵に授与された割合よりはずっと多く受けている。だが、これらの勲章の非常に多くが、戦争が勝利に終わった直後の幸福感のなかで、ナシオナリスタの主張を支えるためにスペインにやってきて危険に身をさらした外国人義勇兵への感謝表明手段のひとつとして、贈られたということは記憶しておかなくてはならない。

　もう一種、大量に与えられた勲章は「1936-1939出征勲章」（メダリャ・デ・ラ・カンパニャ）で、これはまったく公平に、内戦中ナシオナリスタ軍に勤務した将兵全員に授与された。これがドイツ人に与えられた数――ほぼ1万5000――は、コンドル兵団に勤務したドイツ人の実数をきわめてよく物語っている。CL団員で、戦場においてではなく、他の面で（たとえば教官として）卓越した実績をあげた人々は、スペインで「白十字章」（クルス・ブランカ）と通称される「白色記章付軍功十字章」（クルス・デル・メリト・ミリタル・コン・ディスティンティボ・ブランコ）を与えられた。この勲章は受章者の階級に応じて、いくつかの等級に分け、ドイツ人には1300個が贈られた。戦闘中、あるいは服務中に負傷したり、敵の捕虜となったCL団員は「祖国への奉仕による受難勲章」（メダリャ・デ・スフリミエント・ポル・ラ・パトリア）の受章資格があり、206名のドイツ人がこれを受けた。

　スペインの多彩な勲章のほかに、ドイツ第三帝国もスペイン内戦に加わった人々のために特別勲章を制定した。スペイン十字章は内戦終結直後の

1939年4月14日に制定され、「剣付き」と剣無しの２つのタイプがあった（イラストH1およびH2参照）。CL団員は全員、前者の受章資格があり、スペイン領海で勤務中に戦闘に巻き込まれたドイツ海軍艦艇の乗員も同様だった。これには戦功に応じて3種があり、大量に授与された。最も等級の低い青銅製が8462個、銀製が8304個、金製が1126個だった。1939年6月6日には、この勲章の最高位のものとして「剣・ダイヤモンド付スペイン黄金十字章」が制定され、コンドル兵団の27名だけが、この特別章を贈られた。

　剣無しのスペイン十字章には青銅製と銀製の２種しかなく、貢献度がそれほどでないと判定された軍人および民間人に与えられた。たとえば、スペイン領海での服務が３ヶ月に満たなかった海軍軍人、スペインとドイツを結んだ郵便飛行の乗員、スペインで働いたドイツの飛行機製造会社所属の民間人などである。1939年6月中、CLのための各種の凱旋記念祝典で、青銅製7869個、銀製327個の、いずれも剣無し十字章が授与された。1942年になると、この勲章の受章資格は拡大され、スペインへ向かうドイツ商船を護衛した海軍軍人や、それら商船の民間人乗員自体も、さかのぼって資格が認められた。

内戦終結にあたってCLに贈られた名誉の軍旗は、スペインとドイツ双方の要素を合体させたデザインになっていた（イラストG4参照）。スペインの伝統にならって、隊員に授与された集団軍事勲章が旗に結びつけてある。写真に写っている勲章は1936年の夏、アフリカ軍部隊をスペイン本土へ空輸したパイロットたちに贈られたもの。(Campesino)

コンドル兵団員に贈られたスペインの褒章に付随する、手のこんだ勲記の一例。これは出征勲章とともに「カール・コルプ軍曹（サルヘント）殿」を称えるもので、1939年12月5日の日付になっている。(Campesino)

　スペイン十字章には事実上、二重の機能があった。一面では従軍記章であり、民間人、軍人を問わず、スペインでの戦いに何らかの形で参加したドイツ人ほとんど全員に与えられ、1939年6月、2万6000名に授与された。他面、それは明瞭に2つに区分され、個々人の功績や勇敢さを表彰する勲章でもあった。ドイツ人に与えられた最も高位のスペイン勲章である「個人軍事勲章」が63個あった一方で、CL団員に与えられたドイツの最高勲章「剣・ダイヤモンド付スペイン黄金十字章」が、わずか27個なのは奇妙なことに思える。この両方の勲章を受けたのは15名で、その中にはCL司令官3名と、最も業績を挙げたパイロット数名（たとえばアードルフ・ガランド）が含まれている。ヴェルナー・メルダースのように、のちに有名となる他のパイロットたちは個人軍事勲章は授与されなかったが、「剣・ダイヤモンド付スペイン黄金十字章」を贈られた。
　スペインでの勤務中に負傷したコンドル兵団団員には1939年5月末、「スペイン自由戦争従軍ドイツ義勇兵戦傷記念章」(Verwundeten Abzeichen für deutsche Freiwillige im Spanischen Freiheitskampf) が、彼

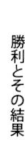

茶色の制服をまとった老兵たちはいまやドイツに帰還して、空軍の戦友たちの好奇心の的となっている。2人の下士官が付けているのは出征勲章。メルセデスの幕僚車についている旗についてはイラストG6を参照のこと。(Campesino)

らのために特に制定されて贈られた。第一次大戦中のドイツ陸軍の記章に似ているが、スワスチカが加わり、一度ないし二度の戦傷者には黒色記章(イラストH3)が計182名に、三度以上の戦傷者には銀製記章が1名だけに授与された。1939年7月、ドイツ軍総司令部は、リッター・フォン・トーマが1936年、みずからの指揮下の戦車大隊員のために考案した「コンドル兵団戦車部隊記章」を公式のものと認め、415個が贈られた。

スペインで戦死したCL団員を親族に持つ人々のために、「スペイン十字章」と同じデザインの「スペイン戦没ドイツ戦士親族のための栄誉十字章」(Ehrenkreuz für Hinterbliebene deutscher Spanienkämpfer) も制定され、315個が授与された。

最後に、ドイツ陸軍も空軍も、かつてコンドル兵団に勤務したことを記念する袖章をつくり、第二次大戦中、その制服に飾ったことを指摘しておきたい(イラストH9、H10を参照)。

* * *

1935年から1939年にかけ、ドイツ軍は国境外で何度か軍事行動を実施

した。ラインラント進駐、オーストリアとズデーテンラントの併合、チェコスロバキアの残りの部分の占領などだが、どれも戦闘にはならなかった。ただスペインからの復員兵だけが実戦を経験していたから、1939年の4月から9月まで、彼らは文句なしに第三帝国の英雄だった。

スペインのナシオナリスタ政府がドイツに抱き続けた感謝の念はきわめて大きかったが、マドリードに親ドイツ傀儡政権が成立するほどではなかった。第二次大戦を通じて、フランコはドイツとの関係を巧みに保ち、決してドイツ側について参戦などしなかった。枢軸陣営へのスペインの貢献は、ドイツ国防軍(ヴェーアマハト)がソ連を攻撃した際、義勇兵(「青」師団(ディビジオン・アスル))を送ったに過ぎなかった。この派兵は"共産主義と戦う"という名目で行われた——まさしく、コンドル兵団の存在を正当化するために宣言されたのと同じ理由だった。

コンドル兵団の老兵たちは各自のドイツ空軍の原隊に復帰したのちも、彼らの功績を称えるあまたの式典の主役となった。写真の日焼けした将校と上級下士官たちはスペイン、ドイツ双方の勲章を付けている。(Campesino)

カラー・イラスト 解説
THE PLATES

A: ドイツ空軍
A1: 爆撃機乗員、88爆撃大隊、1937〜39
　これはHe111の乗員で、ドイツ空軍の標準的な飛行服姿である。黒ワニス塗リアルミ製イヤホン・カバーが付いた、黄褐色の布製LKp S 101夏季用飛行帽をかぶり、1937年5月に採用された、太腿にジッパー付きポケットのあるK So/34夏季用繋ぎ飛行服を着ている。スペインの夏の暑さから、飛行長靴でなくひも靴を履いている。階級章は付いていないが、セミ・オートマチックの拳銃を所持しているところからみて将校らしい。

A2: 戦闘機パイロットの少尉、88戦闘大隊
　CLのカーキ茶色野戦帽の折り返しに付いた銀のパイピング（縁どり）は将校を示す。帽子と上着の左胸にピン留めされている、黄色の布で裏打ちされた2個ずつの銀の六芒星は、彼が進級したスペイン軍中尉（テニエンテ）の階級章である。明るい茶色の革製飛行服は私物で、同じ材質の飾りのない肩台付き。右胸ポケットの上には、刺繍で作った「アビアシオン・レヒオナリア」のパイロット・バッジを付けている。まっすぐな軍服のズボンの裾は、黒のドイツ製スエード革飛行長靴（裏地付）にたくし込んである。茶色の軍用ベルトを締め、拳銃の重さを支えるため、右肩に吊りベルトを回している。

A3: 爆撃機乗員、88爆撃大隊
　冬の寒気に耐えるため、冬季陸上作戦用のKW I/33、別名「バイエルン型」と呼ばれる初期型繋ぎ飛行服を着たところ。これは暗灰色もしくは茶色の厚い布製で、裏地と襟は暗色の羊毛で作られている。LKp W 101飛行帽も羊毛皮で裏打ちされ、飛行長靴も同様である。

A4:「アビアシオン・レヒオナリア」の操縦記章
　翼の付いた円盤の上に、斧槍と火縄銃、それに石弓を組み合わせた「スペイン外人部隊（レヒオン・エストランヘラ）」、別名「テルシオ」のマークを重ねたもの。

B: ドイツ空軍
B1: 軍曹、88（自動車化）航空通信隊
　ドイツ空軍通信部隊の下士官で、カーキ茶色のウール生地を使ってドイツ空軍型に仕立てたコンドル兵団の制服を着ている。四つのポケットはプリーツと四角な垂れ蓋つき。フランス袖で、ボタンは灰色の石目つき金属製。肩台はない。写真で見ると、これら細部には多少の変種がある。スペインの曹長（ブリガダ）の階級を示す2本の金色条は帽子と左胸にあり、兵科識別色の台布が付いていて、この場合は通信部隊の茶色が使われている。右胸には彼の専門を示す、赤い円盤の上に稲妻を交差させたナシオナリスタ軍飛行記章が付いている。この記章はスペイン軍の規定では飛行機乗員だけが用いるものだが、ときとしてLn88の隊員も、自分たちが陸軍ではなく空軍の所属であることを強調するために佩用した。まっすぐなズボンと行進用長靴はCLの標準的な足回り。P08［ルガー］拳銃の入った硬革ホルスターを支えるベルトには飾りのないアルミ製バックルが付いている。MP2 IIサブマシン・ガンは現地で入手したもので、設計はドイツだが国防軍の採用にはならず、ベルギーで製造され、世界中に輸出された。

B2: 伯爵マックス・フォン・ホヨス少尉
　この将校は1936年8月はじめ、最初のドイツ人パイロットのひとりとしてスペインに到着した。8月12日から13日にかけての夜、彼とフォン・モロー男爵は爆撃機仕様にしたJu 53/3mに乗り組み、マラガ港に停泊する共和国政府軍巡洋艦「ハイメ1世」に高度1500フィート（460m）から直撃弾2発を命中させ、行動不能におちいらせた。彼の服装もその爆撃機同様、間に合わせのものだが、この絵のもとになった写真が撮られたころには略帽とズボンは規格化されていた。中尉（テニエンテ）の階級章は飛行兵科

左の人物の帽章を拡大してみると、黒い楕円に白の「i」の字で、通訳だとわかる。完全に規定どおりの制服にオーバーを着、拳銃も付けている。隣に立つのはパイロットで、私物のズボンをはき、上着の色は明るい。イラストA2と比較されたい。(Arráez)

色である黄色の台布——通称「ガリェタ」（ビスケットの意）——とともに、明るいカーキ色のシャツの左胸に縫いつけられている。スペイン製のベルトにはP08拳銃を収めた、蓋のない間に合わせのホルスターが吊られている。

B3: ヴェルナー・メルダース中尉、3./J88、1938年夏

J88の第3中隊長であり、コンドル兵団最高の戦闘機エースだったメルダースの着用している軍服はスペイン製で、ポケットにはプリーツがなく、垂れ蓋には2つの角があり、袖はポーランド型、茶色の組み立てボタンが付いている。こうした現地製の上着も細部には変種が見られるが、肩台はすべてにあった。野戦帽折り返しの銀色パイピングと、黄色の台布つきスペイン大尉（カピタン）の階級章は型どおりで、右胸には1938年型のスペイン操縦記章を刺繍したパッチが見える。まっすぐなズボンは1930年代の民間人の流行を反映して、目一杯長く裁断されている。

B4: 1938年型 ナシオナリスタ軍操縦記章

制定当時の記章は、王冠を頂いた銀色の翼が赤い円盤を抱き、その上に金色の飛行兵種バッジが重ねてあって、たとえば4枚羽根プロペラはパイロットを示していた。共和国が成立すると王冠が取り除かれ、内戦勃発後は同じ場所に赤い星が納まった。1938年、ナシオナリスタ空軍は伝統的なデザインを復活させたが、王冠をより立派なものに変え、また兵種バッジの下に聖ヨハネの黒鷲を加える2点の変更を行った。実際は、1938年より以前もまた以後も、この記章には多様な変種があったことが写真からわかる。こうしたものは現地で作られ、手で刺繍されることが多かった。CLの老兵たちの多くは第二次大戦中もドイツ空軍の制服に——場所は胸の同じ場所ではないにせよ——この記章を付けていた。

C:「ドローネ」戦車大隊　1936年10月

C1: 作業服の兵団員

この幸せそうなドイツ人は、スペイン到着早々に作業用兼訓練用として制定されたスペイン製繋ぎ服を着ている。服の色は暗青から灰青、灰緑、茶、タンまで様々だった。黒いベレーは現地調達品、ベルトは民間用。

C2: 訓練服の兵団員

この服も完全にスペイン製で、"最上"の制服として制定された。上図と同様にベレーは黒、フランス袖の4ポケット付き茶色の上着には幅広の肩台があり、茶色の組み立て

スペイン軍大尉の階級章をつけた中尉のパイロット2人。操縦記章は王冠を頂いた1938年型のもの（イラストB4参照）。略帽は間違いなくスペイン製で、将校を示す銀のパイピングが、折り返しフラップの縁にではなく、そのすぐ下に付いていること、また左の人物の折り返しフラップが、3個の星を収容するため、通常よりずっと深くなっていることに注意。（Álvaro）

J88所属の軍曹が第2中隊のBf109の前で楽しげにポーズをとる。服装は規定のものだが、「テルシオ」流に襟をくつろげ、シャツを上着の上に拡げたことで、スペインの雰囲気が十分にかもし出されている。（Arráez）

ボタンが付いている。淡いカーキ色のシャツは「テルシオ」流に襟をくつろげて、上着の上に出してある。左袖に見える、戦車隊の兵科色であるピンクの台布付き金条は平（ひら）の兵団員を示す階級章で、スペイン軍の伍長（カボ・プリメロ）に相当する。薄茶色のベルトには肩から斜めに吊りベルトが付き、バックルは飾りのない真鍮製。オートバイ乗りスタイルのブーツに注目。この制服は1936年12月までに、よりドイツふうのスタイルのものと交換され、階級章は左胸へ移った。

C3: 冬季、兵団員の歩哨

戦友たちが眠るテントを護って歩哨に立つ若い兵士。使い込まれたタン色の布製繋ぎ服を着、お決まりのベレーをかぶっている。四分の三長のダブルのオーバーは茶色のウールで、やはりスペイン製。肩台があり、フランス袖で、組み立てボタン付き。ドイツ製のP08拳銃とマウザー・ライフルで武装し、元来、スペイン製M1893マウザー用だったスペイン陸軍用弾薬入れを付けている。野戦用懐中電灯が胸にボタン留めしてある。

イラストCの背景：

1937年以降、I号戦車には戦術マーキングが塗られた。ナシオナリスタ軍第1戦車大隊（バタリョン・デ・カロス）のマークは、円盤を上下2つに分け、上半分は白に塗り、下半分の色——赤、黄、白——で所属中隊を表した。ナシオナリスタの旗の色（赤／黄／赤）を使った部隊記章が、さまざまの場所に塗られた。車両番号は白で車体の前後に書かれた。1938年2月に戦車部隊がスペイン外人部隊に移管されたのちは、斧槍と火縄銃、それに石弓を組み合わせた「テルシオ」のバッジが、通常、中隊マークと並べるか、もしくはその反対側に白で描かれた。

D:「ドローネ」戦車大隊 1937～38

D1: ヴィルヘルム・リッター・フォン・トーマ中佐

コンドル兵団機甲部隊の指揮官フォン・トーマは、最初は部下たちと同じ繋ぎ服だったが、この図では自分の部隊の最終的制服を着用している。黒いベレーにはスワスチカが付き、その上にはドイツ戦車部隊を象徴する銀のどくろが輝いている。空軍スタイルの上着はドイツ製で、もう少し淡いカーキ・ブラウンのズボンに、やや旧式のゲートルを巻き、編み上げ靴をはいている。左胸ポケットの上にはスペイン大佐（コロネル）を示す3つの八芒星が、兵科色であるピンクの「ガリェタ」を下地にピン止めされている。その下にある銀の戦車バッジは、フォン・トーマがスペイ

ン到着直後、部下たちのために作らせたもの。スペイン製らしいベルトの真鍮製バックルには、銀メッキした戦車のシルエットが付いているように見えるが、個人的な嗜好だろうか？

D2: ハンス・ハンニバルト・フォン・メルナー少尉、第2戦車中隊

さまざまなスタイルの髯を生やすことは大目に見られ、戦車部隊員のあいだでは珍しいことではなかった。これは髯をたくわえるのが伝統だった「テルシオ」との密接な協力関係から来たものかも知れない。ほお髯の濃いこの小隊長は規定外の短い革製上着を着ているが、内戦中は両陣営ともこのスタイルが下級将校に好まれた。ダブル仕立てで、垂れ蓋とボタン付ポケットが4つあることに注意。

D3: 作業服の軍曹

戦車隊のドイツ人教官の最終的スタイルだが、さきに述べたように、繋ぎ服の色にはいくつか変種があった。この下士官は軍用ズボンとシャツの上に民間用セーターを重ね、さらに薄いタン色の繋ぎ服を着ている。スペイン曹長（ブリガダ）を示す横条と、CL戦車隊バッジが見える。

P08拳銃を収めたホルスター、ベルト、平板のバックルはドイツ製。

E: 教官たち

E1: 高射砲部隊の下士官

Flak18の砲尾から8.8cm砲弾を装填中のこの人物は、規定通りのシャツ、ズボン、ブーツを身につけているが、頭にはスペイン領モロッコから持ち込まれたスタイルである「チャンベルゴ」夏帽をかぶっている。砲弾を砲尾に押し込む際に手を保護する厚い手袋に注意。

E2: トレド歩兵学校の中尉

トレド歩兵学校の中隊長で、完全軍装に身を固め、乗馬ズボンに乗馬長靴をはいている。黒いベレー帽と左胸ポケットのCL戦車隊バッジから、「ドローネ」戦車大隊から転属してきた教官だとわかる。例により、スペインでは彼の階級はひとつ上がって、大尉（カピタン）を示す三ツ星が付いている。

E3: エーリヒ・グロッセ少佐、サン・フェルナンド海軍学校

このドイツ陸軍歩兵将校は1938年1月、サン・フェルナ

実際には、作業服は個人の好みで、もっと着やすいように、もしくは他の理由によって改造されたり、別の服と取替えられたりした。この「ドローネ」戦車大隊の隊員3名はそれぞれ服装が異なり、左の人物だけが規定の制服姿である。（Arráez）

ンド海軍学校での基礎訓練を引き継ぐべく指名された。スペイン中佐（テニエンテ・コロネル）を示す金の八芒星2個が、歩兵科識別色である白い「ガリエタ」の上に留められている。シャツは規定のカーキ色でなく、白を着ている。

E4: M1935型鉄帽

コンドル兵団には新規採用のM1935型鉄帽が支給された。色はミディアム・ブラウンで、デカールによる標識は付いていない。写真では軽高射砲部隊の隊員がたびたび使用しているが、他の部隊では例が見られない。

F: 司令官たち
F1: フーゴ・シュペルレ少将、1937年夏

コンドル兵団の初代司令官は、この何の記章も付けない明るいカーキ色の制服を好み、時折は大きめにカットしたまっすぐな民間人スタイルのズボンを着用した。帽子はつねに、図のスペイン陸軍将校用の眼（ま）びさし付きのものを愛用していたようだ。これはカーキ色の布製で、金色のパイピング——クラウン（頂部）の下側の四分の一パイピングに注目——が施され、ひさしは合成材である。記章は独特のもので、クラウンにはスペイン軍少将（ヘネラル・デ・ブリガダ）のバッジ（バトンと剣を交差させた上に四芒星）、バンド部分にはドイツ空軍のシンボルである、スワスチカをつかんだ鷲の金バッジが付いているが、これは尾羽根が下がった初期のスタイルである。

F2: ヘルムート・フォルクマン少将、1938年

1937年10月から1938年10月にかけてのCL司令官は、金のパイピング付飛行士略帽に同じくスペイン軍少将の階級章を付けている。スペイン製の上着は「サハラ砂漠型（サアリアナ）」といわれるもので、胸のヨーク布がポケットの蓋を兼ね、欠かせないベルトは布製。袖口はボタン付。飾りのない肩台はダブルで、ループを通して縫い付けてある。右胸には1938年以前のタイプのスペイン操縦記章、左胸にはS88を示す黒い正方形の台布の上に階級章が見える。右胸ポケットにはスペイン陸軍ナバラ軍団のバッジ——金の鎖で縁どりした底部の丸い赤い盾に、同じく金の鎖が縦・横・斜めにかかっている——が付けてある。

F3: ヴォルフラム・フォン・リヒトホーフェン少将、1939年

かつてコンドル兵団参謀長をつとめ、1938年10月から司令官となったリヒトホーフェン少将の内戦終結パレード時の姿で、幅広の金の編み紐で飾られたスペイン軍将官用野戦帽をかぶっている。帽子の記章はシュペルレ将軍の場合と似ていて、スペイン軍少将の階級章の下にドイツ空軍の金の鷲が付いているが、このときはスワスチカは取り除かれていた。階級章はスペイン製上着の両袖にもある。右胸には王冠が加わった1938年型スペイン軍操縦記章、左胸のはイタリア空軍（レジア・アエロナウティカ）の操縦記章である。勲章はこのパレードのために佩用したもので、襟にあるのはスペインの個人軍事勲章、その下は 1936-39出征勲章。

G: 式典　1939年4～5月
G1: 振鈴木、コンドル兵団軍楽隊

ドイツ軍楽隊のこの伝統的楽器、振鈴木（シェレンバウム）［クレセント］はもともと、16世紀にオーストリアがオスマン・トルコから分捕った軍旗に端を発している。コンドル兵団のものは、よく磨いた真鍮と洋銀のくびきに振鈴木と星を吊るし、馬の毛で作った長い飾り房はスペイン国旗の赤と黄に染めてある。旗に描かれているのはスペインの国章。

G2: 振鈴木旗の裏面

中央にある金の組み合わせ文字はLegion Condorの略で"LC"。淡青色の十字に書かれているのはスペイン軍の標語、「Todo por la Patria（トド・ポル・ラ・パトリア）」——「すべては祖国のために」。

G3: 旗手の軍曹

フランコ将軍から贈られた名誉の軍旗を捧持する軍曹は新品の制服に身を固め、ベルトと空軍用Y字帯で決めている。胸を飾るのは授与されたばかりの1936-39出征勲章。旗とその吊り帯はスペインの国色に染め分けられ、旗の裏面にはスペインの国章が描かれている。集団軍事勲章もひとつ付けられている（58頁の写真参照）。

G4: コンドル兵団軍旗の表面

スペインとドイツの諸イメージを合成したもの——ドイツ空軍の銀の鷲とスワスチカ、"L.C."、スペイン国章、それに黒でくびき［結合の象徴］と矢を描いたファランヘ党章。

G5: 車両の鑑札

これは「ドローネ」戦車大隊で非装甲車両に使用したもの。

G6: 車両旗、コンドル兵団参謀長用

"E.M."はスペイン語の「Estado Mayor（エスタド・マヨル）」、すなわち「参謀本部」の略。

H: 褒章（図の縮尺は同率ではない）

H1: 剣付スペイン十字章（シュパニエンクロイツ・ミット・シュヴェルテン）。戦闘員に対して贈られ、金、銀、青銅の3等級があった。
H2: スペイン十字章（シュパニエンクロイツ）（剣無し）。非戦闘員に贈られ、銀と青銅の2等級があった。
H3: 戦傷記念章（フェアヴンデテン・アプツァイヒェン）。銀と黒の2等級があり、銀は1例があったのみ。
H4: コンドル兵団戦車部隊記章（パンツァートルッペン・アプツァイヒェン）。1936年11月、フォン・トーマ大佐が指揮下の戦車部隊のために制定した。個人的な注文で、金メッキ仕上げのものも少数作られた。

H5: スペイン個人軍事勲章（メダリャ・ミリタル・インディビドゥアル）。

H6: スペイン戦争十字章（クルス・デ・ゲラ）。

H7: スペイン1936‐39出征勲章（メダリャ・デ・ラ・カンパニャ）。

H8: スペイン戦功赤色十字章（クルス・ロハ・アル・メリト・ミリタル）。

H9: ドイツ陸軍のスペイン戦役記念袖章。コンドル兵団で戦車教導連隊もしくは通信教導大隊に勤務した経験のある老兵だけが、国防軍制服の袖に付けることを許された。

H10: "Legion Condor" を称えるドイツ空軍制服用袖章。通常は第53爆撃航空団が使用したが、第9高射砲連隊および第3通信連隊も使用を許された。

参考文献

Salas Larrazábal, Jesus : Air War over Spain, Ian Allan Ltd, 1969

Shores, Christopher : Spanish Civil War Air Forces, Osprey, 1977

Ries, Karl, Ring, Hans : LEGION CONDOR, Verlag Dieter Hoffmann, 1980

Laureau, Patrick, Fernandez, José : La Legion Condor, LeLa Presse, 1999

H・トーマス『スペイン市民戦争Ⅰ・Ⅱ』都築忠七訳、みすず書房、1963

斉藤孝『スペイン戦争』中央公論社、1966

S・ペイン『スペイン革命史』山内明訳、平凡社、1974

E・H・カー『コミンテルンとスペイン内戦』富田武訳、岩波書店、1985

川成洋・渡部哲郎『新スペイン内戦史』三省堂、1986

私物として買った軍服も、下士官から将校まで着用した。この軍曹の上着は規定の軍服より軽い布地で仕立てられ、ボタンも当時の軍服の主流だった金属製のものではなく、民間型のプラスチック、もしくは組み立てボタンを使っている。（Campesino）

◎訳者紹介 | 柄澤英一郎（からさわ えいいちろう）

1939年長野県生まれ。早稲田大学政治経済学部政治学科卒業後、朝日新聞社入社。『週刊朝日』『科学朝日』各記者、『世界の翼』編集長、『朝日文庫』編集長などを経て1999年退職。著書に『日本近代と戦争』『ゼロ戦20番勝負』（共著、ともにPHP研究所刊）、訳書に『第二次大戦のポーランド人戦闘機エース』『第二次大戦のイタリア空軍エース』『第二次大戦のフランス軍戦闘機エース』『ハンガリー空軍のBf109エース』『ドイツ海軍のポケット戦艦 1939-1945』（いずれも小社刊）などがある。

世界の軍装と戦術 1

コンドル兵団

発行日	2007年5月18日　初版第1刷
著者	カルロス・カバリェロ・フラド
訳者	柄澤英一郎
発行者	小川 光二
発行所	株式会社大日本絵画 〒101-0054 東京都千代田区神田錦町1丁目7番地 電話：03-3294-7861 http：//www.kaiga.co.jp
編集	株式会社アートボックス http：//www.modelkasten.com／
装幀・デザイン	八木 八重子
印刷／製本	大日本印刷株式会社

©2006 Osprey Publishing Limited
Printed in Japan
ISBN978-4-499-22937-1　C0076

The Condor Legion
German Troops in the Spanish Civil War
Carlos Caballero Jurado
First Published In Great Britain in 2006,
by Osprey Publishing Ltd, Elms Court,
Chapel Way, Botley Oxford, Ox2 9Lp.All Rights Reserved.
Japanese language translation
©2007 Dainippon Kaiga Co., Ltd